KB021391

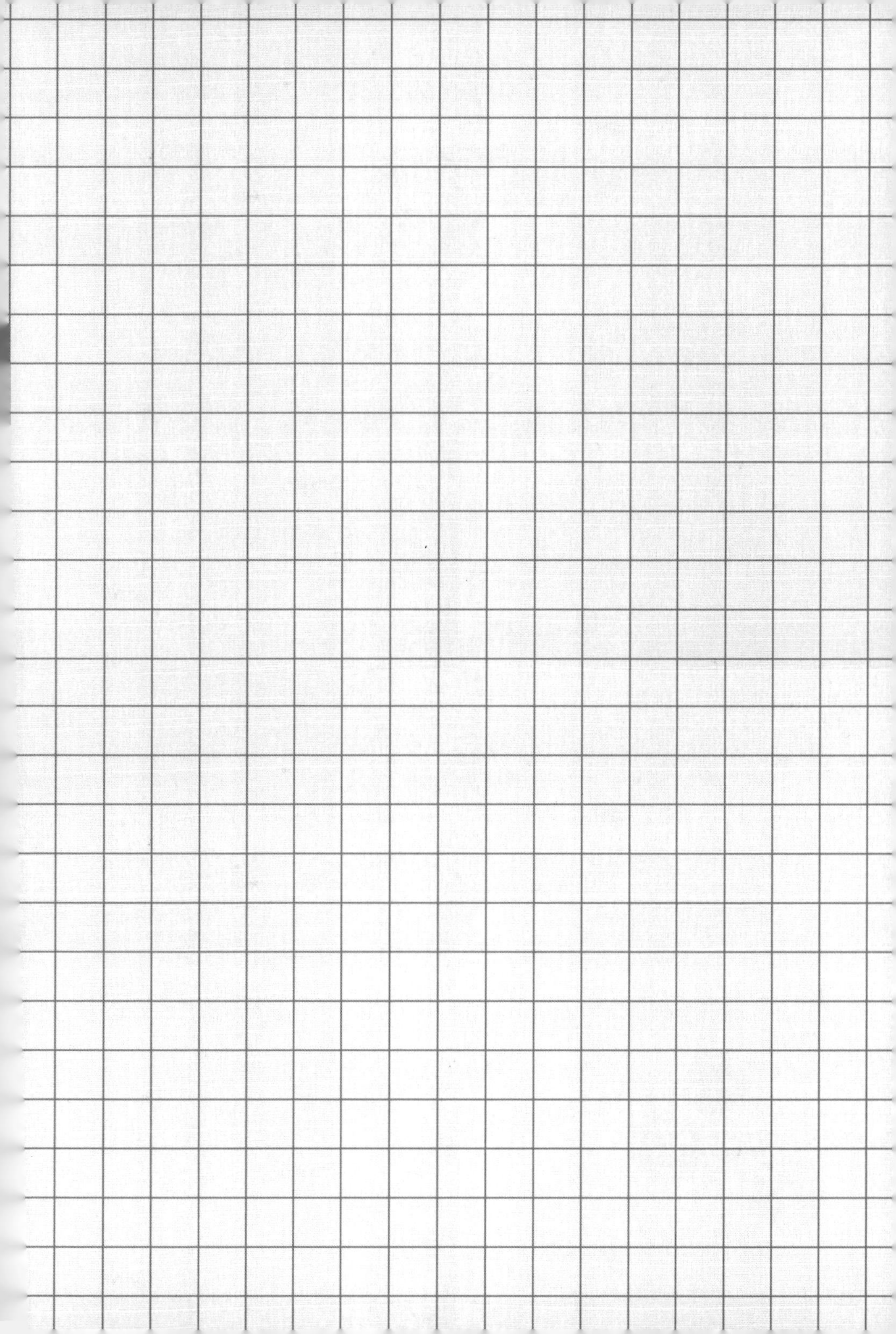

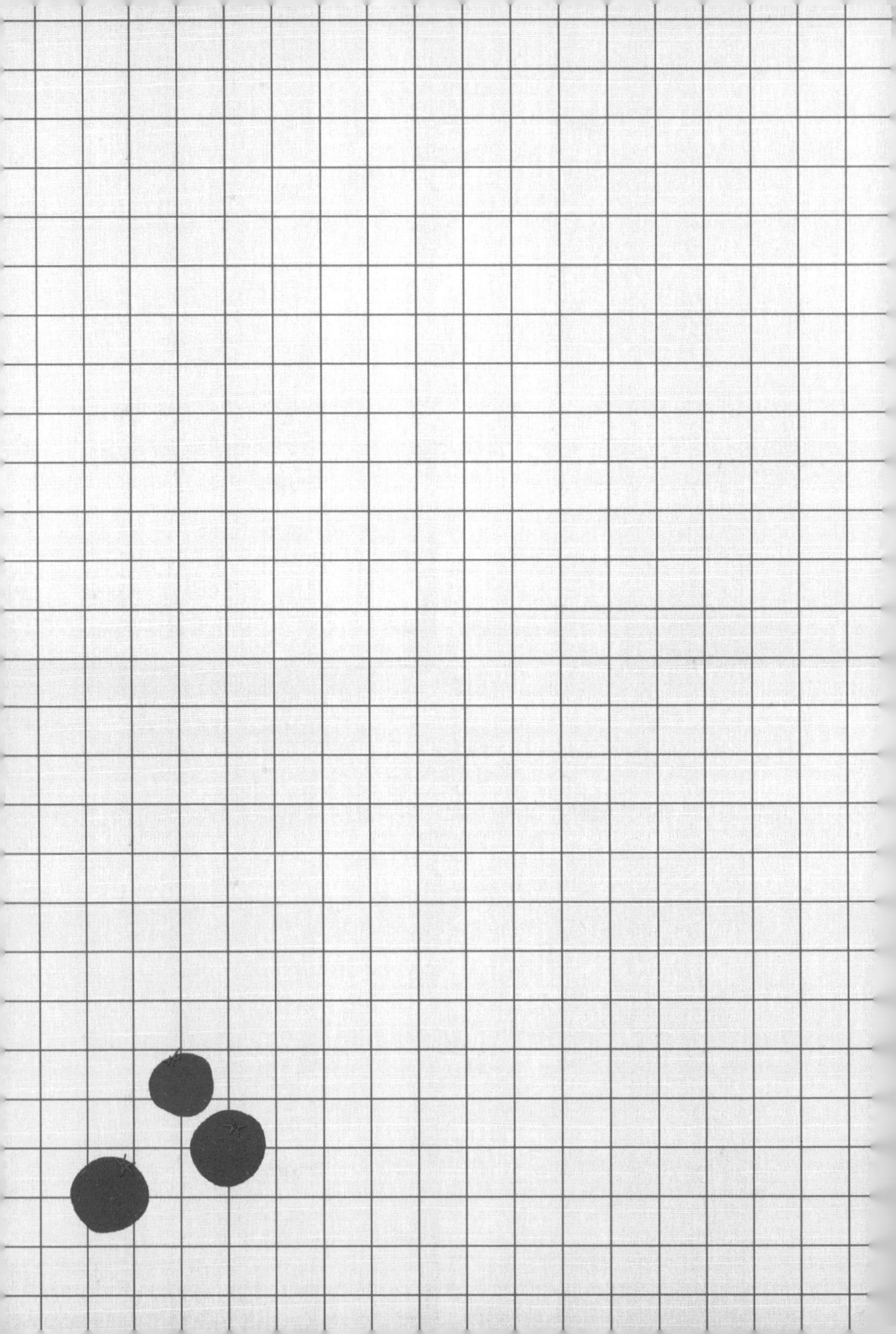

집밥
독립
만세

맨날 사먹을 순 없잖아

요리와 글, 홍여림

수작걸다

아이가 독립했습니다

분신처럼 붙어 지내던 알토란 같은 딸아이를 멀리 독립시킨지 3년이 되어간다. 시간이 지나면 익숙해지고 심지어 방학이 너무 자주 돌아와 귀찮다고도 하던데, 나는 아직 익숙해지지도 덤덤해지지도 못하고 있다. 남들 모두가 잘해도 누군가에겐 절대 안 되는 게 한두 가지는 있다는 걸 오십이 되어서야 알게 되었다.

아이가 고3 때, 코로나로 집 밖에 나가지 못하고 밥만 해 먹으면서 2년을 보냈고 덕분에 첫 책 <고단해도 집밥>을 쓸 수 있었다. 그 후로 아이는 미국으로 유학을 떠났고 나는 싱가포르로 이사를 왔다. 아이가 있는 미국 남부까지는 비행시간만 스무 시간 남짓. 내 핸드폰 바탕화면엔 늘 아이가 있는 곳의 현재 시각이 표기되어 있다. 지금쯤 일어났겠구나, 지금은 밥을 먹겠구나… 아이에 관한 일에서는 사소한 일 하나도 사소하지 못하다. 마음이 찰랑찰랑한 물 같다.

곁에서 성인이 되어가는 아이 모습을 지켜보았다면 지겨운 애미 잔소리, 아이의 반항, 투닥거리며 싸우는 과정을 반복했겠지. 술 마시고 늦게 들어와 엄마한테 등짝도 좀 맞아보고, 연애하느라 거짓말하다 들켜서 쌍

욕도 먹었을 거다. 애잔한 마음보다는 엄마의 잔소리가 싫어 아이는 '빨리 취직하고 독립해야지'를 되뇌이고, 애미는 "저거 빨리 결혼시켜야 내가 내 명에 죽는다"라는 하소연을 했겠지. 아이의 독립을 향해가는 이 자연스러운 통과의례를 우리는 거치지 못하고 있다. 스무 시간이 넘게 걸려야 만날 수 있는 싱가포르에 사는 애미가 미국에 사는 딸아이에게 해줄 수 있는 건 그저 기도뿐이다. 하느님 우리 딸래미 지켜주세요. 아프지 않고 힘들지 않게 그리고 밥 잘 챙겨 먹게 해주세요.

늦은 나이에 다시 시작한 외국 생활은 익숙하고 편한 고국에서의 안락한 일상을 떠나 참으로 불편하고 귀찮은 일투성이었다. 자주 아팠고 아무것도 하고 싶지 않다는 생각도 들었다. 그래도 여전히 나를 일으키는 유일한 힘은 밥을 해 먹는 일. 문득 드리우는 우울과 허전함에서 벗어나는 길 또한 좋은 식자재를 찾아 여기저기를 씩씩하게 기웃거리는 일이었다. 방학에 다시 만날 때까지, 그렇게 나의 봄은 그리고 나의 가을은 늘 더디다.

짧은 방학을 같이 보내고 헤어지는 순간은 금방 다시 온다. 이때가 되면 난 땅바닥으로 꺼지고 싶기도 하고, 하늘로 증발해 버리고 싶어지기도 한다. 눈을 마주치고 도란도란 얘기 나누는 제일 재미난 친구이자 꼭 껴안으면 아직도 살냄새가 달콤한 나의 애착 대상, 무엇이든 엄마가 만든 음식을 먹으면서는 맛있다는 소리를 열 번 정도 해주는 내 최애 집밥 대상이기도 한 아이를 공항에서 다시 보내야 할 때의 마음은 몇 번을 해도 비

틀거리게 슬프고 참으로 고통스럽다. 애미 마음이 매번 이러니 멀리 떠나 가야 하는 딸아이 마음도 지옥일 거라 생각해 조금씩 무뎌지는 척, 괜찮은 척, 아무렇지 않은 척해보지만 쉽게 탄로나고 금방 들켜버린다.

이 책은 독립한 아이가 한끼라도 부디 제대로 된 밥을 해 먹는 어른으로 성장하기를 바라는 간절함으로 썼다. 옆에서 잔소리와 참견을 할 수없는 애미이기에 집밥 레시피를 기록으로 남겨, 아이가 대강 한끼를 때우려는 그 순간 쓰레기 같은 음식을 입에 넣으려는 그 찰나에 두고두고 뒷통수를 간지럽혀, 결국엔 귀찮은 몸을 일으켜 스스로를 위한 제대로 된 밥상을 차리게 하고픈 마음으로 만들었다. 그리하여 아이가 한끼라도, 하루라도 잘 해 먹기를 바라는 나와 같은 애미들에게 조금이나마 위로가 되기를. 그리고 이 책을 펼친 아이들에게 부디 애미들의 이런 마음이 전해지기를 소망한다.

삶이 망가지고 자빠질 때 결국 스스로를 일으키는 힘은 그런 좋은 음식을 먹고 견뎌낸 단단한 몸과 마음이라는 걸.

싱가포르에서 아나애미 올림.

"엄마 넘넘 기대돼. 이렇게 엄마가 책까지 만들었으니 꼭 해 먹어야 할 것 같아. 은근 부담되기도 하지만 하나씩 쉬운 것부터 따라해볼 거야. 지금까지도 엄마가 열심히 책을 쓰며 일하는 모습을 보니 나도 커서 엄마만큼 요리하고 열정적으로 내가 좋아하는 걸 계속 할 수 있을 것만 같아. 어릴 적부터 보아온 엄마의 성실함을 나도 그대로 닮았거든. 이 책은 나중에 어른이 되어서도 내게 너무 소중한 선물이 될 거야. 딸을 위해 쓴 엄마의 책을 가질 수 있는 사람이 세상에 몇 명이나 되겠어. 약속할게. 엄마~ 맨날 사먹진 않을 거야. 맹세!"

미국에서 아나딸램 올림.

CONTENTS

lunchbox

외식도 지겨운 날의 도시락

"도시락을 먹는 순간이라도 네가 잠시 쉬었으면 좋겠어."

evening

하루의 끌~ 끼니 챙길 힘도 없는 저녁

"혼자만의 조용한 식사시간을 지키는 게 진짜 어른이 되는 순간이야."

thank you
친구들과 기쁨을 두 배로 나누는 날

"너를 사랑해주는 친구들에게
끝내주는 음식 한두 가지 근사하게 차려줘."

missing mom

몸이 아파… 엄마가 그리운 날

"아픈 날엔 더 나은 밥상을 차려 먹어. 부탁이야."

이 그림 기억나?
언젠가 울적해 하던 나에게
엄마가 좋아하는 도쿄 거리라며
네가 그려준 그림.

lonely day
찰랑찰랑… 마음이 힘든 날

"매일매일이 슬프고 매일매일이 괜찮은 것도 아니야."

diet season

엄마 SOS~ 굶지 않는 다이어트 메뉴

"가짜 말고 네가 직접 만든 진짜 음식이
다이어트로 가는 확실한 길이야."

* 책 속 레시피의 1T=15g / 1t=5g / 1컵=200ml 기준입니다.

morning
너무 바빠 세수만 하고 나서는 아침

FROM MOM

배가 고프면 다정함과 친절함을 잃을 수 있어~
아침 꼭 챙겨 먹어!

일하느라 공부하느라 잠이 부족한 나날들. 바쁘고 정신없는 일상을 사는 요즘의 너에게 스스로 아침을 준비해 챙겨 먹는 일이 쉽지 않음을 알고 있어. 그런데 말이야, 아침식사를 커피로 때우고 제대로 된 식사를 거르게 되면 말이야, 점심 때가 되기도 전에 지치고 허기가 지거든. 그러면 점심 때도 몸에 좋은 식사를 챙기기보다 쉽게 허기부터 채우게 돼. 허겁지겁 말이야. 너무 배고프니까 일단 이거라도 먹을까, 이런 유혹이 생기거든.

엄마가 같이 살았다면 아침을 안 먹겠다는 너에게 잔소리를 해가며 토마토주스라도 한잔 먹이거나 삶은 달걀이라도 껍질 까서 입에 넣어줄 텐데…. 이제 그러지 못 하니 스스로 챙겨야 해. 요즘은 워낙 간단히 나온 식재료가 많으니 시판 재료를 활용하는 것도 방법이야. 전날 조금만 준비해두면 바쁜 아침에도 영양가 풍부한 건강한 아침을 먹고 하루를 시작할 수 있어. 준비시간이 15분을 넘지 않는 초간단 아침 메뉴를 골라볼께.

뭔가 결핍되거나 부족함이 생기면 사람은 여유가 없어지고 평소의 페이스를 잃게 돼. 돈이 궁하면 인색해질 수 있고, 시간이 없으면 초조해지고 다급해지지. 실력이 없으면 마음이 불안해 정직하지 못할 수 있는 것처럼 배가 고프면 다정함과 친절함을 잃을 수가 있어.

요즘은 츤데레라는 단어가 유행하면서 괜히 무뚝뚝하고 무심한 게 더 근사하게 여겨지고 다정함과 따뜻함이 종종 폄하되기도 하더라. 하지만 다정함과 따뜻함은 나중에 성인이 되어 교육받거나 노력만으로 습득되지 않아. 오랜 시간 동안 성장하면서 자연스럽게 지니게 돼. 그래서 무뚝뚝하고 무심한 사람들은 그 태도와 자세를 쉽게 따라할 수도, 모방할 수도 없어.

엄마는 네가 부디 다정하고 따뜻한 사람이 됐으면 좋겠어. 인생의 고비마다, 삶에 지쳐 넉다운될 때마다 슬픔의 소용돌이 속에서도 그 친절함과 다정함이 너 스스로를 다시 일으켜 세울 수 있는 힘이 되어줄 거야.

그러려면 일단 아침을 먹어야 해.
알겠지?

MORNING MENU

팔팔 삶은 달걀

달걀은 먹기 전에 꼭 껍질을 깨끗이 씻어야 해. 생각해봐. 닭이 달걀을 어디로 낳았겠니. 그러니 그대로 요리하면 달걀 껍질을 만진 오염된 손으로 다른 요리를 하게 되겠지. 얼마나 비위생적이겠어. 세제나 스폰지까지는 필요 없고 흐르는 물에서 달걀 껍질 표면을 2~3번 문질러 닦아 준비하면 돼. 달걀은 시간이 된다면 상온에 꺼내두었다가 요리하는 게 좋아. 찬기가 사라지면서 편하게 요리할 수 있거든. 반숙 달걀은 소금만 살짝 뿌려 먹거나 숟가락으로 호로록 떠먹어도 좋고, 완숙 달걀은 으깨어 달걀샌드위치를 만들어 먹어도 좋겠다.

이 작은 달걀도 삶는 정도에 따라
사람마다 선호도가 다른데 인생사는 얼마나 다채로울까.
어떤 날은 반숙 달걀처럼 보드랍고 촉촉한 배움을 주고,
어떤 날은 완숙 달걀처럼 든든하고 속이 꽉찬 조언을 주겠지.
그런 친구들과 행복한 인생을 즐기길 바라.

Recipe

cooking time 15분

ingredient 달걀, 소금, 물

1. 작은 냄비에 깨끗이 씻은 달걀과 잠길 정도의 물을 붓는다.
2. 센불로 삶기 시작한다. 보글보글 끓어오르면
   중불로 불을 줄여 7분 후에 꺼내어 찬물에 담가둔다. 껍질도 잘 까지고
   촉촉한 반숙이 완성된다.
3. 완숙으로 먹고 싶다면 물이 끓기 시작할 때부터 10분 이상 최고 13분 삶으면 완전히 익는다.

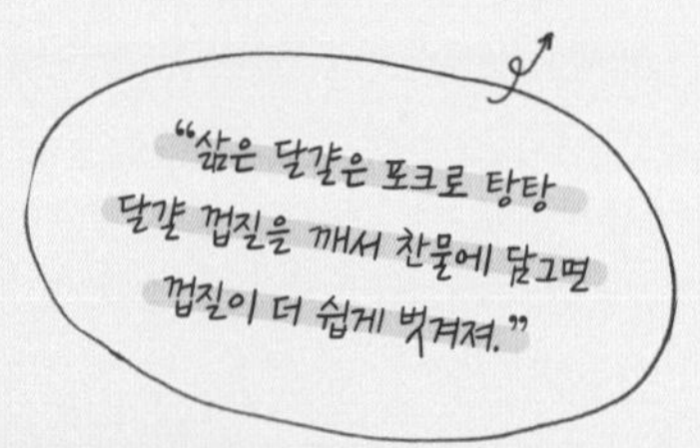

Boiled egg

13분

10분

7분

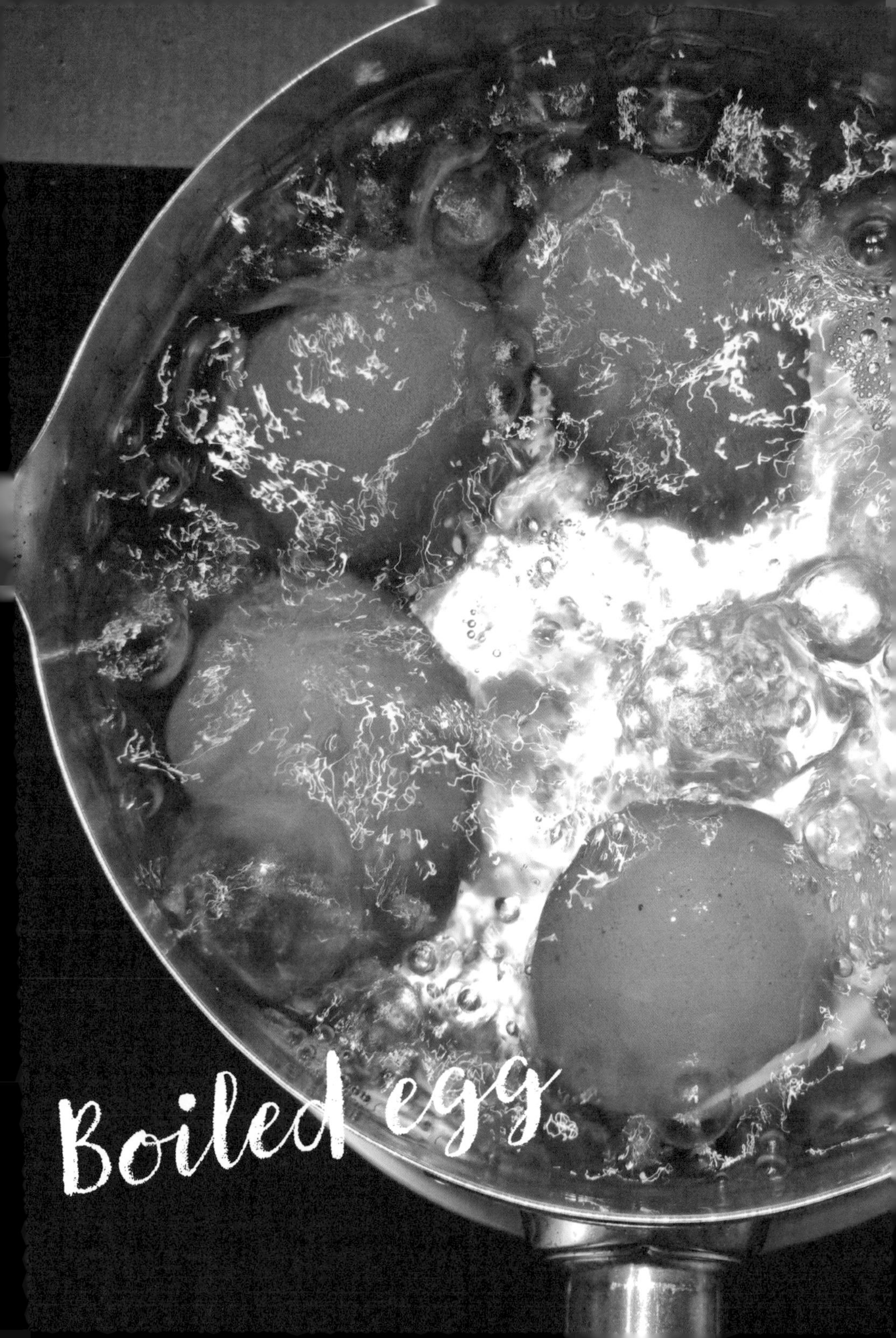

Boiled egg

MORNING MENU

부드러운 토마토주스

토마토가 익어가면 의사들 얼굴이 파래진다는 말이 있어. 사람들이 토마토를 많이 먹으면 아플 일이 없어서 의사들 할 일도 없어진다는 얘기지. 살짝 데친 토마토로 만든 부드러운 주스 한잔 어때? 토마토를 익혀서 조리한다는 게 좀 번거롭지만 무슨 일이든 익숙해지면 쉬워지잖아. 아무 생각하지 말고 토마토 한 봉지를 사와서 실온에서 2~3일 잘 익혀. 빨갛게 익은 맛있는 토마토로 몸에 좋은 토마토주스 해 먹어보자.

Recipe

cooking time

15분(2~3잔분)

ingredient

토마토 4개,
올리브유와 사과식초
각 ½T씩,
꿀 1T

1. 잘 익은 토마토를 씻어 윗부분에 열십자모양으로 칼집낸다.
2. 냄비에 물을 붓고 팔팔 끓으면 칼집낸 토마토를 하나씩 넣어 30초 후 건진다.
3. 한김 식혔다가 토마토 껍질을 벗겨낸다.
4. 토마토 중앙의 단단한 부분은 칼로 잘라내고 4~6등분해 플라스틱 통에 넣어 냉장보관한다.
5. 믹서에 토마토와 올리브유, 사과식초, 꿀을 넣고 간다. 올리브유와 사과식초는 생략 가능.

아침에 껍질 없이 부드럽게 갈린 토마토주스를 먹는다면
이미 성공적인 하루를 시작했다고 할 수 있을 거 같아.
작은 일이 하나씩 모여 꽤 괜찮은 큰일을 만들어내거든.

바나나 넣은 달콤한 프렌치토스트

아침부터 달달한 게 당기는 날이 있지. 바나나 한 개와 식빵 한 조각만 있으면 달콤하면서 영양만점인 프렌치토스트를 먹을 수 있어. 딱 5분이면 불에 살짝 구운 바나나의 향과 버터 향이 어우러진 근사한 프렌치토스트가 완성. 커피나 우유 한잔 곁들이면 무지하게 호사스러운 아침 메뉴를 즐길 수 있어. 미처 다 먹지 못해 까맣게 반점이 생긴 바나나는 버리지 말고 냉동실에 넣어두렴. 오늘처럼 여기저기 쓸모가 있을 거야.

스스로를 위해 한끼 정성스럽게 차려 먹는 꽉 채워진 아침시간.
무엇을 먹고 어떤 생각을 하느냐가 그 사람을 만들어주거든. 달콤한 하루 시작해!

Recipe

cooking time
10분(2개분)

ingredient
식빵 2장,
바나나 1개,
달걀 1개,
버터 1조각,
메이플시럽

1. 바나나는 얇게 슬라이스한다.
2. 숟가락으로 식빵 한면을 직사각형 모양으로 꾹꾹 누른 뒤 그 위에 슬라이스한 바나나를 올린다.
3. 달걀을 풀어서 바나나 올린 식빵을 담근다.
4. 버터 반조각을 녹인 팬에 올려 2분간 굽다가 달걀물을 위에 바른다.
5. 식빵 바닥 면이 익으면 남은 버터 반조각을 팬에 올리고 식빵을 뒤집는다. 달걀물을 위에 덧바른다.
6. 접시에 담아 메이플시럽이나 꿀을 뿌려 먹는다.

French toast

Apple and peanut butter

늘 새로운 메뉴, 색다른 조합의 레시피가 나오는 걸 보면 사람들은 음식에 대단한 열정이 있는 것 같아. 새로운 조합과 레시피로 요리를 하고 즐기는 건 인간이 가진 가장 위대한 능력 같기도 해. 인간이 가진 이 뛰어난 능력, 아끼지 말고 최대한 활용해보는 건 어때?

MORNING MENU

사과엔 피넛버터

맛있게 익은 사과와 피넛버터는 생각보다 완벽한 궁합이야. 자기관리 잘 하는 유명한 연예인의 아침 메뉴라고 해서 인기 메뉴가 되었지. 아침에 사과는 금이라고 하잖아. 상온에서 잘 익힌 사과를 깨끗이 씻어 반 잘라 가운데 씨 부분을 도려내고 최대한 얇게 슬라이스해. 크래커에 치즈를 바르듯 사과 위에 피넛버터를 조금씩 바르거나 올려 먹는 거야. 사과에 곁들이는 피넛버터는 땅콩 100%에 당류가 낮은 제품이 적당해.

컨디션이 좋지 않거나 일어났는데 기분이 별로인 날이라도 사과 깎을 힘 정도는 있잖아. 그러면 그 사소한 일상의 루틴을 지나치지 말고 하는 거야. 하루이틀 그리고 삼일, 그런 날들이 모여서 한달, 일년을 만들 듯이 작은 습관과 루틴이 결국은 내가 꽤 괜찮은 인간이라는 믿음을 만들어주거든. 아침에 일어나 잠자리를 깨끗이 정리하고 사과를 깎는 일, 이런 소소한 일상을 조용히 지켜나가는 일이 어쩌면 전부일지도 몰라. 인생은.

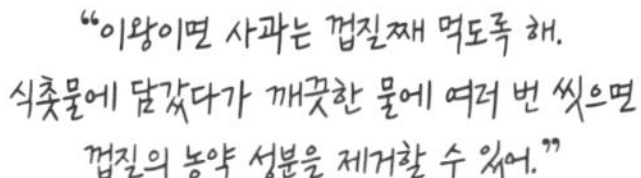

촉촉한 핫케이크

MORNING MENU

아침에 폭신한 핫케이크를 먹는 날은 아마도 주말이나 방학처럼 시간 여유가 좀 있어야 할 거야. 따뜻하게 익은 핫케이크에 메이플시럽을 쪼로록 뿌려 한입 베어물면 사실 그날은 아침식사 한끼로 절반은 다한 거지. 하루 종일 골치 아픈 일이 있을지언정 잠시나마 잊을 수 있을 거야. 과일과 커피 한잔과 함께라면 더더욱.

워낙 시판 핫케이크믹스가 많으니 직접 밀가루로 핫케이크 반죽을 하자고는 않을게. 제품 뒷면에 표기된 비율에 따라 우유와 달걀을 넣고 섞으면 돼. 그렇지만 기본 핫케이크를 뭘로 어떻게 만드는지는 알고 있어야 하잖아.

"핫케이크를 조금 두껍게 굽고 싶다면 우유의 양을 줄여줘.
반대로 얇게 굽고 싶으면 우유나 달걀 양을 조금 늘리면 돼.
달걀흰자로 머랭을 내어 섞으면
유행하는 폭신한 핫케이크를 만들 수 있어."

Recipe

cooking time 10분(2~3장분)

ingredient

{시판 핫케이크믹스, 우유, 달걀}, 메이플시럽이나 꿀, 버터, 오일

1. 시판 핫케이크믹스와 포장지에 표기된 권장 비율에 따라 우유와 달걀을 준비한다.
2. 믹스와 우유, 달걀을 뭉친 알갱이가 없게 잘 섞는다. 체에 거르면 곱게 완성된다.

3. 팬을 뜨겁게 달구어 키친타월에 오일을 묻혀 닦으면 도톰하고 균일하게 구울 수 있다.
4. 팬에 반죽을 올린 후 불을 아주 작게 낮추고 뚜껑을 닫아 속을 골고루 익힌다.
5. 핫케이크 위에 버터 작은 조각 하나를 올리고 꿀이나 메이플시럽을 뿌려낸다.

{수제 핫케이크 반죽}

박력분 밀가루 80g, 베이킹파우더 4g, 설탕 30g, 실온 버터 10g, 우유 70g, 달걀 1개

1인용 냉동 식빵피자

MORNING MENU

피자가 먹고 싶은데 혼자서 한판을 주문해 먹긴 어렵고, 남겨두었다가 먹으려니 또 맛이 없잖아. 그럴 땐 냉동실에 있는 식빵을 한 장 꺼내. 여기에 시판 토마토소스와 치즈만 있으면 돼. 토마토소스가 없다고 포기하지 마. 케첩과 마요네즈, 그리고 허브가루를 섞으면 소스도 만들 수 있단다. 사용하고 남은 소스와 치즈는 냉동 용기나 지퍼백에 넣어 냉동했다가 한 번 더 사용하렴. 혼자 살면서 밥해 먹기가 쉽지 않지만 요렇게 작은 팁들을 하나씩 해보면 못할 것도 없지 뭐.

Bread pizza

"식빵 바닥 면이 바삭하게 구워지고
위쪽 치즈가 말랑하게 녹아
토마토소스와 어우러지면 나만의 초간단 피자가 완성!"

cooking time 20분(2개분)

ingredient 냉동 식빵 2장, 파스타용 토마토소스 5T, 모짜렐라치즈 또는 슬라이스 치즈, 자투리 채소와 버섯, 소시지(생략 가능)

Recipe

1. 냉장고의 자투리 채소나 버섯, 소시지는 잘게 다진다.
2. 팬에 토마토소스와 다진 재료를 넣고 함께 볶는다.
3. 식빵 위에 ②의 볶은 토마토소스를 올려서 편다.
4. 그 위에 모짜렐라치즈나 슬라이스 치즈를 올린다.

아무 것도 없다면 달걀 하나 톡 터트려 올려도 좋다.

"토마토소스는 사다 두면
급할 때 요긴하게 사용할 수 있어.
이왕이면 채소와 고기 등
다양한 재료가 들어 있는 파스타용 소스를 선택해."

5. 치즈가 살짝 녹아 말랑해지면서
   연한 갈색이 될 때까지만 오븐 또는 토스트기,
   에어프라이어에서 굽는다. 에어프라이어는 180°C에서 9~10분.
6. 허브가루가 있다면 먹기 전에 뿌려준다.

인생은 늘 가진 것보다 없는 게 더 잘 보이고,
넘치는 것보다 모자란 게 아쉬운 법이거든.
나에게 있는 것, 내 옆에 있는 사람이 소중한 걸 모르게 되더라.
조금 모자라거나 부족해도 살다 보면
언젠가 인생이 꽤 근사하다는 걸 알게 돼.
냉동 식빵으로 꿀맛 같은 피자를 만든 오늘처럼 말이야.

MORNING MENU

남은 찬밥으로 달걀죽

밥이 남을 때 버리지 말고 냉동 가능한 플라스틱 통에 넣어두면 급할 때 찾기 좋아. 냉동실에 얼린 남은 밥과 달걀 하나만 있으면 따뜻한 죽을 먹을 수 있지. 얼린 밥은 전날 미리 꺼내두면 좋은데 깜박했다면 전자레인지에 약 2분만 돌려서 요리해. 이미 조리된 밥으로 만드는 요리라 짧은 시간에 완성할 수 있어.

cooking time 15분(1인분)

ingredient 찬밥 1공기, 시판 사골육수 엑기스 7~8ml, 달걀 1개, 장조림 간장 또는 참기름, 깨소금, 물

Recipe

1. 냉동시킨 밥은 전자레인지에서 2분간 해동한다.
2. 냄비에 해동한 밥을 넣고 밥이 잠길 만큼 충분한 물을 넣는다. 여기에 시판 사골육수 엑기스나 동전모양의 육수 ½개를 추가해주면 금상첨화.
3. 센불에서 보글보글 끓으면 중불로 낮춰 7~8분만 더 끓인다. 밥알이 풀어지면 불을 끈다.
4. 먹기 전에 달걀 1개를 넣어 살살 저어준다. 이때 달걀이 뭉치지 않고 밥알에 골고루 풀어지게 한다.
5. 그릇에 달걀죽을 담고 장조림 간장이나 참기름, 깨소금 조금 넣어서 비벼준다.

즉석밥 만들기

시간이 좀 있는 날에는 한 번에 밥을 왕창해서 즉석밥을 만들어두면 어때? 시판 즉석밥도 좋지만 비싸기도 하고, 먹을 때마다 나오는 플라스틱 용기 보는 것도 마음이 불편하니까. 냉동실에 두었다가 먹기 2~3시간 전에 실온에 꺼내둬. 시간이 없다면 전자레인지에 넣어 1분 30초~2분 해동해서 먹으면 돼.

cooking time 30분(3인분)
ingredient 백미와 물 각 2컵씩

1. 쌀 씻은 첫물은 재빨리 씻어 버리고 3~4번 깨끗한 물이 나올 때까지 씻는다.
2. 20분 정도 물에 담가 불렸다가 채반에 걸러 물기를 뺀다.
3. 냄비에 쌀과 동량의 물을 넣어 센불에 올린다.
4. 끓기 시작하면 약불로 줄여서 13분간 두었다가 불을 끄고 5분간 뜸을 들인다.
5. 한김 식혔다가 냉동실용 밥 용기에 소분해 냉동한다.

냉동 과일로 만드는 스무디

혼자 살면 제철과일이나 채소를 챙겨 먹기가 어려워. 많이 사다 두면 상해서 버리기 쉽고 또 한 가지 과일만 계속 먹기도 지겹잖아. 차선책을 찾자면 냉동 과일이 있어. 망고, 블루베리, 딸기 혹은 키위 등 2~3가지 종류의 냉동 과일팩을 사다가 섞어 소분해 얼려두는 거야. 한 팩씩 꺼내 스무디 만들어 먹으면 좋더라. 만드는 방법도 아주 간단해.

사용 전날 냉동 과일팩을 꺼내 냉장실로 옮겨두었다가 당일 아침 믹서에 냉동 과일과 물 또는 우유나 코코넛워터를 조금씩 넣어가며 갈면 돼. 상온에 보관 중인 바나나를 추가해도 좋아. 단맛을 내고 싶다면 꿀이나 시럽을 조금 넣어줘. 완성한 과일 스무디에 아사이베리 분말을 넣으면 이게 바로 유행하는 아사이볼이지 뭐.

cooking time 5분(1잔분)

ingredient 냉동 과일 80~100g(상온 바나나 포함), 물 또는 우유나 코코넛워터 120ml

제철과일과 신선한 채소를 먹을 수 있다면
너무 좋지. 챙길 여유가 없을 땐
냉동해두고 먹을 수도 있겠다.
부지런해야 좋은 음식을 먹을 수 있어.
알겠지?

@jungeun_julia_kim

김정은 이모의 코코넛치아시드볼

"뷰티, 패션, 미식 등 라이프스타일 관련 유명한 인플루언서 이모야. 두 아이를 키우며 직접 만들고 실천해본 음식과 생활습관, 운동 루틴 등의 정보를 사람들과 나누어 큰 호응을 얻고 있지. 무엇보다 식자재의 영양소와 질병 예방식에 대한 공부를 엄청나게 해서 엄마도 종종 이모의 콘텐츠를 저장해놓고 보고 있어. 이모가 너에게 추천하는 메뉴는 초간단 아침 건강식이야. 5분이면 충분해."

ingredient 15분(1인분)

치아시드 1T, 코코넛밀크 또는 귀리음료 100ml,
과일 2~3가지(바나나·딸기·사과·블루베리·냉동 망고 등),
그래놀라 또는 코코넛칩, 좋아하는 견과(생략 가능),
꿀 1t(생략 가능)

Recipe

1 전날밤 유리 밀폐용기에 치아시드와 코코넛밀크를 모두 넣고 바닥까지 잘 저어 냉장고에 둔다. 치아시드 대신 납작 오트밀을 넣어도 된다.

2 아침에 일어나자마자 찬기가 사라지도록 냉장고에서 꺼내 실온에 둔다.

3 과일은 1~2가지 준비해 먹기 좋게 자른다. 큐브컷 냉동 과일은 토핑으로 적당하다.

4 코코넛밀크에 단맛이 전혀 느껴지지 않는다면 꿀을 약간 넣을 것. 코코넛밀크 성분 표시에 코코넛꽃액즙이 있다면 천연 단맛이 난다.

5 먹기 직전에 그래놀라와 견과를 넣는다.

Tip ✧ 몸에 좋은 치아시드는
자기 무게의 27배의 물을 흡수한다고 해.
그러니 치아시드는 반드시 물에 불려 먹어야
식도에 상처가 나지 않아.
최소 30분 이상 불렸다가 섭취하길 권해.

lunchbox
외식도 지겨운 날의 도시락

FROM MOM

도시락을 먹는 순간이라도
네가 잠시 쉬었으면 좋겠어.

엄마가 직장생활을 할 때 점심 때가 되면 스트레스가 밀려왔지. 어떤 날은 기분 좋은 스트레스, 어떤 날은 괴로운 스트레스였는데 바로 점심 메뉴를 고르고 해결하는 일이었어. 친한 동료들과의 점심은 즐거운 일상이지만 불편한 클라이언트와의 식사 약속이나 혹은 바빠 죽겠는 날의 끼니 해결은 괴로운 일상이었지. 회사 근처의 뻔한 식당들을 돌아가면서 먹고 싶지 않았던 날도 많았어. 컨디션이 좋지 않은 날 맛없는 프렌차이즈 죽집에서 포장죽을 기다리기도 했지.

회사 동료 중에 매일 엄마가 싸주는 도시락을 꺼내 먹는 친구가 있었는데 어찌나 부럽던지. 도시락 싸오는 일이 당연했던 학창시절에는 그 소중함을 몰랐는데 말야. 성인이 되어서야 누군가 나를 위해 그 새벽에 일어나 도시락을 싸주고, 소박하지만 그 귀한 집밥을 도시락으로 챙겨오는 일이 얼마나 대단한 일인지 알게 되었어.

외식도 지겨울 때가 많잖아. 그런 날 스스로를 위한 간단한 도시락 메뉴 몇 개가 있다면 좋지 않을까? 전날 먹던 음식을 챙겨도 좋고, 시판 재료를 활용해도 좋아. 그게 뭐든 나만의 집밥 도시락이 있다면 때때로 점

심시간이 지친 일상의 비타민 같은 활력이 되기도 할 거야. 도시락 챙기는 게 조금 귀찮고 하기 싫은 날에는 지난 여름방학 때 매일 아침 도서관으로 향하던 너에게 엄마가 즐겁고 행복한 마음으로 싸주었던 도시락을 떠올려줘.

이 도시락을 먹는 순간이라도 엄마는 네가 잠시 쉬었으면 좋겠어. 잠깐이라도 빙그레 웃으면서 도시락 뚜껑을 열었으면 좋겠어. 힘든 날들이지만 이런 마음이 담긴 도시락 가방을 들고 한발한발 앞으로 나아가면 왠지 든든하잖아. 너도 앞으로는 누군가 싸주는 도시락보다 스스로 위해 챙겨야 하는 끼니가 더 많아질 거야. 그럴 때 생각하렴.

나는 이 도시락을 먹고 조금 더 나은 어른이 되는 거다!

Kimchi fried rice

LUNCHBOX MENU

황금비율 김치볶음밥

김치볶음밥은 웬만하면 맛없기가 힘들지. 반찬 없는 날, 입맛이 없는 날, 급하게 뭔가 맛있는 걸 먹고 싶은 날에도 전날 먹다 남은 찬밥만 있다면 모든 준비가 끝나는, 남녀노소를 불문하고 모두가 열광하는 메뉴. 인간적으로 김치볶음밥 하나 정도는 끝장나게 잘해야 하는 거 아닐까. 황금비율 김치볶음밥 레시피를 알려줄게.

김치볶음밥을 하려면 바닥이 넓은 팬이 있어야 해. 팬에 기름을 두르고 송송 썬 대파를 넣고 볶아 대파기름부터 내지. 여기에 잘게 썬 김치를 양념에 버무려 넣고 팬 뚜껑을 닫아 센불에서 1분간 타지 않게 볶아. 스팸이 있다면 한두 장 넣고 포크로 으깨가며 같이 볶으면 좋지. 이제 찬밥을 넣을 차례야. 팬 바닥에 눌러붙게 꼬들거리게 볶아야 맛있다. 먹고 남은 것은 소분해서 냉동해 두었다가 급할 때 기름 없이 팬에서 데워 먹어도 좋아. 반숙 달걀프라이는 옵션이야.

cooking time 30분(3~4인분)

ingredient 찬밥 3~4공기, 잘게 썬 김치 1컵, 송송 썬 대파, 통깨, 오일

김치 양념 고춧가루·설탕·마요네즈 각 1T씩, 참기름 2T, 굴소스와 간장 각 1/2T씩, 된장 1/3T

사소한 행복 소떡소떡

LUNCHBOX MENU

비엔나소시지와 떡볶이떡으로 간단하게 만드는 소떡소떡. 길에서 마주치면 어김없이 사먹던 메뉴지. 사실 매콤한 게 먹고 싶을 날에 이만한 도시락 반찬이 없어. 떡볶이는 식으면 맛이 없지만 소떡소떡은 식어도 맛있으니까. 살짝 구운 소시지와 떡을 꼬치에 하나씩 꽂아 매콤달콤한 소스를 발라 도시락을 싸가면 꺼내어 먹을 때 얼마나 행복할까? 사소하지만 작은 것들이 모여 행복을 만든다고 하잖아. 스스로를 위해 정성을 다해보는 것도 꽤 즐거운 일일 거야. 소떡소떡 도시락 반찬으로 행복을 누려보길.

cooking time 15분(2개분)

ingredient 비엔나소시지와 떡볶이떡 각 7~8개씩, 오일, 꼬치(생략 가능)

소스 토마토케첩 2T, 올리고당 1T, 고추장 ½T, 다진 마늘 ½t

Recipe

1. 소시지와 떡볶이떡이 냉동 상태라면 끓는 물에 30~40초간 데친다.
2. 데친 소시지와 떡볶이떡을 체에 밭쳐 찬물로 한 번 씻는다.

3. 기름 두른 팬에 소시지와 떡볶이떡의 겉면이 노릇해지게 굽는다.
4. 소스를 만들어 ③의 구운 소떡에 버무린다.
5. 꼬치에 꽂아 소스를 요리붓으로 골고루 바른다.

Lettuce rice wrap

LUNCHBOX MENU

낭만 도시락, 상추쌈밥

간단한데 맛있고 며칠 냉장고에 두고 먹을 수도 있는 메뉴야. 백종원 쌈장 레시피로 알려지면서 여러 형태로 변형되었는데 고추장, 된장, 설탕이 동량이라는 것만 기억하면 돼. 깻잎이나 상추에 고슬거리는 밥을 올리고 맨 위에 쌈장을 얹어 한입에 넣어봐. 기분까지 좋아질 거야. 상추는 뻣뻣한 것보다는 보들거리는 적상추가 먹기 편해. 남은 쌈장은 냉장고에 넣어두고 10일간 먹을 수 있으니 바쁠 때 한 번 더 활용하렴.

물로 쌈장 농도를 적당히 맞춰. 너무 묽으면 밥 위에 올려 먹기가 어렵고, 너무 진하면 짜거나 맵게 될 거야.

cooking time 15분(1인분)

ingredient 밥 1공기, 적상추 또는 깻잎·양상추

참치쌈장 참치통조림 1개(80g), 양파 ½개, 대파, 오일, 물
고추장·된장·설탕 각 1T씩, 고춧가루 ½T(생략 가능), 참기름, 통깨

Recipe

1. 참치통조림은 기름을 빼고, 양파는 잘게 다진다.
2. 팬에 대파를 오일에 볶아 파기름을 내고 대파는 건진다. 생략 가능.
3. 양파를 볶다가 고추장과 된장, 설탕, 고춧가루를 넣고 볶는다.
4. 기름 빼둔 참치를 넣고 3분간 더 볶는다. 농도는 물로 맞춘다.
5. 불을 끄고 참기름과 통깨를 뿌려준다.
6. 상추나 깻잎 등에 밥을 얹고 쌈장을 올려낸다.

Jirashi sushi

LUNCHBOX MENU

셀프 지라시스시 도시락

스시가 먹고 싶은 날은 마트나 큰 슈퍼마켓에서 파는 스시팩을 사다가 도시락으로 준비해봐. 먹고 싶은 스시를 골라보는 거지. 연어도 좋고 여러 종류의 스시를 섞어둔 팩도 좋겠네. 만약 스시를 준비하지 못 했다면 냉동실 속 칵테일새우를 뜨거운 물에 30초간 데쳐서 사용해. 여기에 새콤하게 양념한 고슬거리는 흰밥만 더하면 고급 일식집 메뉴 지라시스시를 도시락으로 먹을 수 있어. '지라시'는 흩뿌리다라는 뜻으로 밥 위에 생선, 달걀, 채소 등을 섞어 뿌려주는 음식이야. 그 재료에 따라 어우러지는 맛도 제각각이라 다양하게 먹을 수 있지.

밥 위에 네가 먹고 싶은 재료들을 예쁘게 펼치기만 해도 돼. 언젠가 엄마는 스팸이랑 단무지, 달걀지단 그리고 아보카도를 올려 먹어봤는데 그래도 참말로 맛있더라.

"지라시스시를 만들 때 밥이 너무 뜨거우면
밥 위에 올리는 재료의 맛이 덜할 수 있어.
한김 식혀 채소나 스시를 올려야 해.
채소는 가능한 얇게 손질해
밥 위에 평평하게 골고루 얹어줘."

"초밥간은 넉넉히 만들어
나중에 초밥 위에 뿌려서
먹으면 더 맛있어.
취향에 따라 간장을 추가해도 좋아."

cooking time 20분(1인분)

ingredient 밥 1공기, 스시, 달걀, 채소(오이·고추·무순 등), 날치알 또는 청어알(생략 가능)

초밥간 식초 3T, 설탕 2T, 소금 1T, 레몬즙 약간

Recipe

1. 밥물을 적게 잡아 고슬거리게 밥을 준비한다.
2. 밥에 미리 초밥간을 해둔다.
3. 달걀을 흰자와 노른자로 나눠 지단을 만든다.
4. 오이는 얇게 저미고 다른 채소도 가늘게 채썬다.
5. 도시락통에 초밥간한 밥을 얇게 깔고 그 위에 채소→스시→지단→날치알 순으로 골고루 뿌려 올린다.
6. 초밥간 양념을 조금 더 뿌리고 취향껏 통깨로 마무리한다.

영화나 드라마 보다 보면 멋진 남자친구가
야근하는 여자를 위해 비싼 일식집에서
도시락을 포장해오는 장면이 있잖아. 근데
현실에서는 엄마도, 주위 누구도
그런 거 받아본 적이 없더라.
그러니까 괜한 환상 갖지 말고
지라시 도시락 만드는 법을 배워두는 게
인생에는 훨씬 도움이 돼. 명심해.

LUNCHBOX MENU

컵라면엔 참치마요 삼각김밥

여유 없는 날, 바쁘고 힘들 날은 식당 가서 밥을 사먹을 틈도 없어. 지나는 길에 근처 편의점에서 쉽게 해결할 수 있는 해결사는 뭐니뭐니해도 삼각김밥이지. 영화나 드라마 속 현대인의 일상적인 식사 장면에서 빠지지 않는 게 컵라면과 삼각김밥이잖아. 해외에서 지내면 이상하게 삼각김밥이 그렇게 먹고 싶을 때가 있지. 매콤한 김치볶음과 소고기가 들어간 삼각김밥도 맛나지만 슴슴한 듯 참치가 들어간 삼각김밥이 사실 제일 그리워. 엄마도 요즘 그렇게 삼각김밥이 먹고 싶더라.

"삼각김밥 세트로 나온 셀프 키트는 요리 초보자도 금방 삼각김밥 장인이 될 수 있는 발명품이지.
한 팩에 30~50개 세트 분량이 들어 있어 한참을 두고 사용 가능해.
밥만 하면 사실 거의 모든 준비가 끝난 거나 마찬가지!"

cooking time

20분(2개분)

ingredient

밥 1공기,
참치통조림 80g
주먹밥용 후레이크,
통깨 또는 참기름

참치 양념

마요네즈 ½T,
설탕 ½t,
소금 1꼬집

Recipe

1. 삼각김밥이 눅눅해지지 않게 참치통조림의 물기를 따라버린다.
2. 물기가 제거된 참치에 마요네즈와 설탕, 소금을 넣고 섞는다.
3. 취향에 따라 후레이크나 통깨, 참기름으로 밥을 양념한다.
4. 비닐 포장된 김을 깔고 그 위에 삼각김밥 틀을 올려 밥을 얇게 깐다.
5. 밥 위에 ②의 양념한 참치를 골고루 깐다.
6. 그 위에 다시 밥을 올린 후 삼각김밥 틀 뚜껑으로 지그시 누른다.
7. 비닐 포장을 삼각형으로 접어서 스티커 붙여 완성한다.

가끔은 혼자 달걀말이주먹밥

냉장고에 달걀 한 판 정도는 웬만하면 떨어지지 않게 사다 둬. 오래 먹을 수 있으면서 영양가 높은 식품 중 하나가 달걀이거든. 이왕이면 달걀이나 우유, 치즈 같은 유제품은 제일 좋은 걸로 사렴. 다른 건 몰라도 자주 먹는 식품은 품질이 좋은 걸 먹는 게 중요해. 옷이나 신발, 가방은 유명하고 비싼 게 필요 없지만 먹는 음식은 특히 식자재는 조금 비싸더라도 신선하고 좋은 제품을 샀으면 좋겠어. 달걀 하나만 있으면 전날 먹던 찬밥이나 냉동밥으로도 도시락 한끼를 해결할 수 있으니까.

가끔은 혼자 조용한 점심시간을 갖는 건 어떨까.
런던 갔을 때 보니 점심시간에 직장인들이 공원 벤치로
몰려오더라. 각자 벤치에 자리잡고 준비해온 도시락을 먹으면서
조용히 혼자 음악 듣거나 책을 읽는데 그게 참 좋아 보였어.
우르르 둘러앉아 왁자지껄 먹는 점심도 즐겁겠지만 말이야.
아주 가끔은.

"유부초밥이나 김밥 셀프 키트에 들어 있는 후레이크는 버리지 말고 모아두면 요긴하게 쓰여. 없다면 참기름 ½T와 통깨를 적당히 넣고 섞으렴."

cooking time 10분(1인분)

ingredient 찬밥 또는 즉석밥 1공기, 달걀 2개, 소금 ½t, 주먹밥용 후레이크 또는 뿌리오, 통깨, 오일

Recipe

1. 찬밥이나 즉석밥을 전자레인지에 넣고 1~2분 데워 준비한다.
2. 후레이크와 밥은 골고루 섞는다. 없다면 통깨, 참기름으로 대체한다.
3. 주먹밥을 달걀말이팬의 가로 폭에 맞춰 길쭉하게 뭉친다.
4. 달걀 2개를 잘 풀어 소금을 넣고 섞는다.
5. 달걀말이 팬에 오일을 살짝 두르고 달걀물을 얇게 펴서 반 정도 익힌다.
6. 그 위에 ③의 주먹밥을 올려서 살살 말아준다.
7. 김밥처럼 잘라서 도시락통에 넣는다.

LUNCHBOX MENU

기본 스팸달걀주먹밥

달걀과 스팸으로 만든 기본 주먹밥이야. 엄마는 별로 선호하지 않지만 스팸은 혼자 사는 사람들에게는 한줄기 빛과 같은 식자재지. 보관은 물론 조리도 쉽고, 맛도 좋고, 가격까지 착하니 이걸 빼고 혼밥 메뉴를 논하기 어려워. 조리하기 전에 5분만 투자해 끓는 물에 살짝 데치면 더 건강하게 즐길 수 있어. 데친 스팸을 잘게 잘라 주먹밥을 만들어봐.

팬에 송송 썬 대파를 기름에 볶아 향을 내고 달걀을 풀어 중약불에서 50% 정도 익을 때까지 볶아. 끓는 물에 살짝 데쳐 잘게 자른 스팸을 넣고 다시 볶다가 찬밥을 더해. 고슬거리게 볶아지면 마지막에 참기름, 김가루를 섞어 한입크기로 만들어.

cooking time 15분(1인분)

ingredient 찬밥 1공기, 스팸 50g, 달걀 1개, 대파
참기름, 김가루(생략 가능), 통깨, 오일

Miso sauce hangjeongsal

LUNCHBOX MENU

덮밥이 뚝딱! 항정살된장구이

항정살은 그냥 먹어도 맛있는데 된장 양념을 해서 구우면 훌륭한 도시락 반찬이 돼. 고기를 양념해 볶아 도시락통에 넣으면 식어도 꽤 먹을 만한 메뉴가 되거든. 불고기도 괜찮고 제육볶음, 돼지갈비도 좋아. 양념에 재워 소분해 냉동해 두었다가 아침에 꺼내 볶아 넣어. 흰 쌀밥에 양념고기만 올리면 항정살덮밥 완성! 맛있는 항정살된장구이의 킥은 유자청 반큰술이야. 고기부터 먼저 구운 후 양념을 넣고 구워야 고기가 타지 않아.

cooking time 15분(1인분)

ingredient 밥 1공기, 항정살 300g, 마늘, 깻잎과 쪽파, 통깨

고기 양념 된장·간장·미림·꿀 각 1큰술씩, 유자청 ½T

Recipe

1. 항정살은 전날이나 아침에 키친타월에 올려 핏물을 뺀다.
2. 양념 재료를 섞어 준비한다. 전날 해두면 더 좋다.
3. 마늘은 편으로 잘라 양념에 넣는다. 없으면 생략 가능.
4. 팬에 항정살을 올려 노릇하게 굽는다.
5. 준비해둔 양념을 고기 위에 붓고 골고루 배도록 볶는다.
   처음부터 양념해서 볶으면 타기 쉽다.
6. 도시락통에 밥과 고기를 담고 깻잎과 쪽파, 통깨로 장식한다.

LUNCHBOX MENU

든든 유부초밥

유부초밥은 언제 먹어도 맛있지. 시판 유부초밥 세트와 밥만 있으면 언제라도 뚝딱 만들 수 있어. 길어야 15분! 바쁜 아침에 준비하는 도시락 메뉴로 이만한 게 없다. 그러니 유부초밥 한팩 정도 냉동실에 상비해두길 권해. 세트에 포함된 채소 후레이크에 다진 소고기를 조금 볶아 넣으면 한끼 식사로 충분한 영양만점 도시락 메뉴가 되거든.

다진 소고기는 기름을 두르지 않은 팬에서 중약불로 고슬거리게 볶아야 해. 고기가 살짝 익으면 약불로 줄여 양념을 넣고 볶아. 고기 양념은 간이 세지 않아야 유부소스와 어우러지는데, 시판 스키야키소스나 불고기소스로 대체해도 돼. 이제 밥과 볶은 양념 고기, 채소 후레이크를 한데 섞고 유부소스를 조금씩 넣어가며 간을 맞춰. 유부에 볶음밥을 넣고 소스가 흐르지 않을 만큼 손으로 살짝 움켜쥐면 끝이야.

유부초밥을 도시락으로 혹은 점심으로 준비한 날,
컵라면이 하나 있다면 그날은 만족스러운 점심이 될 거야.
유부초밥을 앞에 두고, 컵라면에 끓는 물을 붓고
좋아하는 드라마나 유튜브 보며 즐기는 점심은…
말 안 해도 알지? 최고의 행복이라는 거.

cooking time 15분(1인분)

ingredient 밥 1공기, 다진 소고기 50~60g,

유부초밥 세트(채소 후레이크·시판 유부소스 포함)

고기 양념 간장·미림·다진 마늘 각 ½T씩, 설탕 1t

칼럼 하나

레스토랑 아보카도 메뉴 따라잡기

높은 영양가와 부드러운 식감으로 숲속의 버터로도 불리는 아보카도. 하지만 오래 두고 먹기가 어렵고 금세 질리기 쉽다는 선입견이 있어. 아보카도는 보통 딱딱한 상태로 판매하는데 상온에서 3~4일 후숙하면 말랑거리기 시작해. 그때가 먹어도 되는 때야. 너무 익어버렸다면 쿠킹포일로 감싸 냉장고에 넣어두고 일주일 안에 먹어. 껍질을 벗긴 아보카도는 갈변하기 쉬우니 웬만하면 한 번에 먹기를 권해. 점심시간에도 간단하게 즐기기 좋은 아보카도 레시피 몇 가지 알려줄게.

아보카도 그대로

잘 익은 아보카도는 반 갈라 씨를 빼내고 슬라이스해. 접시에 담고 올리브유, 소금, 후춧가루를 뿌리면 끝. 후춧가루 대신 크러쉬드페퍼를 더하면 느끼한 맛도 잡을 수 있어. 그대로 빵 위에 올려 먹거나, 달걀을 곁들여 먹으면 맛있다.

아보카도간장비빔밥

접시에 밥 1공기를 담고 그 위에 잘 익은 아보카도 적당량을 슬라이스해 얹어. 간장 1T를 골고루 뿌리고 위에 살짝 익힌 달걀과 김가루를 올려. 마무리로 참기름을 둘러 비벼 먹으면 영양만점 비빔밥이 완성.

과카몰리

잘 익은 아보카도를 포크로 곱게 으깨고 토마토는 씨 부분을 제거해 잘게 잘라줘. 양파도 잘게 다지는데 매운 게 싫으면 10분간 찬물에 넣었다가 물기를 빼. 준비한 재료를 레몬즙 1T와 소금, 후춧가루를 넣고 섞는데 좋아하는 허브를 넣어도 잘 어울려. 색이 금방 변하니까 먹을 만큼 만들어서 크래커나 빵에 곁들여 드셔.

아보카도오븐구이

아보카도를 반 갈라 씨가 있던 부분을 살짝 파내 달걀 하나를 깨트려 넣어. 남은 햄이나 소시지를 잘게 다져 올리고 치즈와 소금, 후춧가루를 뿌린 후 180℃로 예열한 오븐에서 구우면 돼. 달걀이 살짝 익을 정도면 오케이. 에어프라이어는 180℃에서 7~8분.

OUE

evening

#하루의 끝~ 끼니 챙길 힘도 없는 저녁

FROM MOM

혼자만의 조용한 식사시간을 지키는 게 진짜 어른이 되는 순간이야.

치열하게 바쁜 하루를 보내고 들어와 혼자 저녁을 챙겨 먹어야 하는 날, 귀찮으니 편하게 라면을 끓이거나 테이크아웃 음식을 찾게 되기 쉬울 거야. 그런데 맛도 없고 몸에도 안 좋은 음식을 대강 골라 저녁식사를 배달해 먹은 날은 이상하게 기분이 더 안 좋아지더라. 저녁시간은 하루 동안 알게 모르게 쌓인 감정들과 타인을 배려하고 공감하느라 소진된 에너지를 회복하는데 필요한 시간인 것 같아. 하루 중 가장 중요한 시간이기도 하지. 가족들과 같이 산다면 맛있는 음식을 함께 나누며 밖에서 있었던 일을 이야기하고 위로를 주고받겠지. 낮에 받았던 상처난 감정들을 잊기도 할테고.

혼자 살면서의 저녁시간은 어른이 되기 위한 혼자만의 연습을 하는 시간인 것 같아. 조용히 앉아 스스로를 위해 준비한, 조촐하지만 건강한 음식을 먹으면서 그날의 방전된 배터리를 충전하는 거지. 미리 조금만 준비해 두면 누군가에게 밥을 얻어 먹거나 사먹지 않고 스스로 식사를 해결하는 어른이 될 수 있어. 그저 밥을 데우고 냉장고 속 반찬을 옮겨 담거나 남겨 둔 찌개를 다시 끓일지라도.

자기 앞에 가지런한 밥상을 차리고 앉아 혼자만의 조용한 식사시간을 지키는 일. 얼마나 중요하고 값진 일상인지 몰라. 어른이 되어서도 나이가 꽤 들어서도 본인의 끼니를 제대로 차려 먹지 못하는 어른이 많더라. 그런데 진짜 어른은 자신을 위해 밥상을 차릴 줄 알아야 해. 식사를 준비하면서 신선한 식재료와 맛있는 음식을 보면 생동감을 느끼고 더 건강해지고 싶다는 생각이 들거든. 그렇게 먹는 것에서 시작되는 건강한 습관이 긍정적으로 생각하는 것을 버릇으로 만들고, 부정적인 사고가 스스로를 잠식하는 것을 막아줘.

나이만 많다고, 사회적 지위가 높아졌다고 다 같은 어른이 아니더라. 스스로 저녁밥을 챙겨 먹는 어른은 삐뚫어질 수가 없어. 그러니 부디 바쁘다는 핑계로, 귀찮다는 변명으로 매번 외식하거나 배달음식을 플라스틱 용기째 펼치고 해결하는 사람이 되지 않기를 바라.

Kimchi rice

cooking time 30분(2~3인분)

ingredient 쌀 2컵, 물 1.5컵, 김치 200g, 들기름, 돼지고기(삼겹살 또는 앞다리살) 150g

고기 밑간 간장과 미림 각 ½T씩, 후춧가루 1꼬집

양념간장 간장 3T, 설탕·참기름·깨 각 1T씩, 다진 마늘과 고춧가루 각 ½T씩

EVENING MENU

무조건 김치밥

저녁에 들어왔는데 기운도 없고 마땅한 재료도 없어. 그런데 또 라면은 먹기 싫은 날이 있잖아. 대강 때우기는 싫은데 그렇다고 밥하기는 어려운 날, 그럴 땐 무조건 김치밥을 추천해. 김치밥은 평양이 고향인 엄마 외할머니가 자주 해주시던 이북 음식이기도 해. 김치밥하면 얼핏 김치볶음밥부터 떠오르는데 김치를 깨끗이 씻는 것부터가 다르지. 빨간색 매운 김치가 아니라 하얗게 씻은 김치를 넣어. 돼지고기와 함께 때론 콩나물도 같이.

김치밥을 만들려면 먼저 쌀이랑 김치부터 깨끗이 씻어야 해. 김치를 하얗게 씻어 송송 썰어두고, 돼지고기는 잘게 썰거나 다져서 간장이랑 미림, 후춧가루에 재워둬. 5~10분 지나 고기에 간이 배면 팬에 고기를 올려 중불에서 뭉치지 않게 살살 볶아. 어느 정도 익으면 썰어둔 김치 넣고 들기름을 둘러 볶지. 여기까지 준비되었으면 이제 씻어둔 쌀 위에 볶은 고기와 김치를 올려 밥을 지으면 돼. 이때 쌀물은 보통 때보다 적게 잡는다. 채소밥은 일반 밥보다 20% 적게 물 양을 잡는데 김치밥은 김치에서 수분이 나오니까 더 적게 잡아. 밥은 센불에서 끓을 때까지 짓다가 약불로 줄여 13분, 불 끄고 5분 뜸들이면 돼. 완성하면 섞어서 양념간장에 비벼 먹는데 그마저도 귀찮으면 맛간장에 고춧가루만 넣으렴.

맛은 슴슴한데 사각거리는 김치가 씹히는 밥이랄까.
엄마는 아직도 김치밥을 먹으면 뱃속이 따뜻해지면서
외할머니가 너무 보고 싶더라.

EVENING MENU

초간단 감자전

사실 감자처럼 어디서나 구하기 쉬운 식자재가 없어. 전세계엔 정말 다양한 종류의 감자가 있지. 감자전을 만들 땐 가장 저렴하고 쉽게 구할 수 있는 감자면 충분해. 감자전을 맛있게 하려면 강판에 가는 게 국룰이지. 좀 힘들지만 강판에 갈면 식감이 더 살고 맛있어. 하지만 믹서에 갈아도 괜찮아. 요즘 합리적인 가격의 핸드믹서도 많으니 활용하렴. 인간은 도구를 사용할 줄 아는 동물이니까.

비 오는 날에는 지글지글 고소한 전이 떠올라.
노릇하고 바삭하게 구운 감자전 한두 장이면 저녁식사로 충분해!

"감자전은 얇게 튀기듯 구워야 바삭해.
촉촉하게 먹고 싶으면 조금 크고 두껍게 해서 지지듯이 구워."

cooking time 20분(2~3장분)

ingredient 감자 3개, 양파 1/3개, 물 3T, 소금, 식용유

Recipe

1. 감자와 양파는 껍질을 벗겨 믹서에 갈릴 크기로 자른다.
2. 믹서에 자른 감자와 양파, 물을 넣고 간다.

3. 체망 위에 간 감자와 양파를 올리고 아래에 그릇을 받쳐 5분간 둔다.
4. 그릇의 맑은 국물만 따라내고 가라앉은 감자전분은 그대로 둔다.
5. 감자전분과 체에 밭친 간 감자와 양파, 그리고 소금을 함께 섞는다.
6. 넉넉히 기름을 두른 팬에 반죽을 한 국자 정도씩 올려 얇게 튀기듯 앞뒤면을 굽는다.

멀리 떨어져 사는 자식이 라면으로 끼니를 때운다고 생각하면 자다가도 벌떡 일어날 만큼 속상한 일이지. 근데 엄마들도 때때로 콧노래를 부르며 라면을 끓여 먹는단다. 라면은 원래 그런 거야. 자식들에겐 먹지 말라고 잔소리하지만 정작 내가 먹는 날은 그렇게 행복할 수 없거든. 자주는 말고 가끔….

라면으로 투움바파스타

성시경 요리 유튜브에서도 나온 메뉴인데, 남녀노소 가리지 않고 좋아하는 라면 파스타야. 구하기 쉬운 채소 몇 가지, 고추장, 우유, 생크림, 그리고 라면만 있으면 만들 수 있는 메뉴지. 크림과 버터, 치즈 같은 호불호 없는 재료를 넣었으니 맛이야 두말하면 잔소리. 라면 2개로 만들면 혼자 다 먹기는 어렵지만 또 둘이 먹으면 모자라는 맛이야. 라면은 면이 두꺼운 타입이 적당해. 매운맛을 선호하면 분말수프를 팍팍 넣어.

cooking time 20분(1인분)

ingredient 라면 1개, 분말수프 1/3봉, 베이컨 2줄, 양파 1/2개, 양송이버섯 3개, 우유와 생크림 각 1/2컵씩, 고추장 1t, 체다치즈 또는 파마산 치즈

Recipe

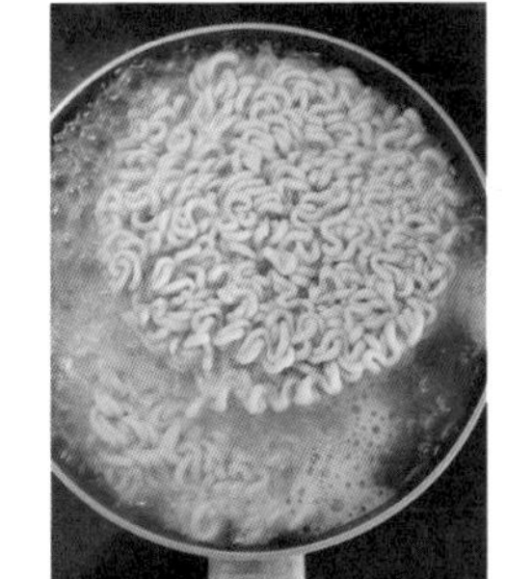

1. 베이컨과 양파, 버섯을 먹기 좋게 잘라 준비한다.
2. 팬에 기름 없이 베이컨을 튀기듯이 볶다가 양파와 버섯 순으로 넣고 볶는다.
3. 고추장을 넣어 버무린 후 우유와 생크림, 분말수프를 넣는다.
4. 라면을 따로 끓는 물에 넣고 원래 삶은 시간보다 1분 덜 삶는다.
5. 준비한 ③의 소스에 삶은 라면을 섞고 치즈를 넣어 1분 정도 녹이면서 양념과 섞이게 끓여 완성한다.

EVENING MENU

15분 퀵~ 즉석밥 리조또

즉석밥은 여러가지 음식으로 다시 태어날 수 있는 기막힌 발명품이야. 단점은 조금 비싸다는 거지. 아침 메뉴로 소개한 즉석밥 만들기P. 034를 참조해 활용해봐. 리조또는 생쌀로 시작해서 오랜 시간 뭉근하게 익혀서 먹는 음식인데 즉석밥이나 찬밥만 있으면 15분 안에 만들 수 있지. 피곤한 저녁, 찬밥에 물 말아서 뚝딱 먹어도 좋지만 조금만 여유를 가지고 짧은 시간을 투자해봐. 그러면 속이 뜨끈하면서 고소한 초간단 리조또 한 그릇을 먹을 수 있을 텐데. 엄마 말 한 번만 들어봐.

cooking time 20분(1인분)

ingredient 찬밥 또는 즉석밥 1공기, 베이컨 2~3줄, 양파 ¼개, 화이트와인 ½컵
치킨스톡 1개, 물 2컵, 좋아하는 치즈, 허브가루 또는 트러플 오일

Recipe

1. 베이컨, 양파를 잘라 팬에 기름 없이 볶는다. 버섯, 새우를 곁들여도 좋다.
2. 찬밥을 넣고 중불에서 화이트와인을 조금씩 부어가며 볶아 알코올을 날린다. 생략 가능.
3. 치킨스톡을 물에 풀어 넣은 후 뚜껑을 닫고 중약불에서 10분 이상 밥알이 풀어지도록 뭉근하게 끓인다. 모자라면 물 추가.
4. 치즈를 넣어 잘 녹게 저어주면서 불을 끄고 허브가루나 트러플오일 등 취향에 맞는 재료를 더한다.

Quick risotto
리조또 재료는 베이컨 대신 버섯이나 새우도 좋아.
육수는 보통 치킨스톡으로 하면 간편한데 양은 입맛에 따라 가감해.

속이 뻥 동치미말이밥

동치미말이밥은 이북 음식이야. 너와 같이 젊은 세대에겐 생소하고 낯설겠지만 엄마는 외할머니, 친할머니가 모두 이북분들이라 어릴 때 자주 먹었지. 차갑게 식은 밥을 동치미 국물에 말아 먹는 건데 겨울에 온몸이 덜덜 떨리도록 먹는 게 그렇게 맛있더라. 더운 여름에 얼음 몇 개 띄워 먹으면 속이 뻥 뚫리지. 짭조름하게 익은 동치미 국물과 꼬들거리게 식은 밥, 그리고 참기름. 대체 이북에서 누가 어떻게 이런 메뉴를 먹기 시작했는지 정말 궁금해지지. 사라져가는 음식 중 하나니 레시피를 꼭 알려주고 싶어.

우선 잘 익은 동치미가 필요해. 물론 마트에서 파는 동치미로도 충분히 만들 수 있으니 걱정 마. 동치미에 말아 먹을 밥은 꼭 식혀야 해. 갓한 밥 한 공기를 여름엔 선풍기 앞에서, 겨울엔 창문 열고 창턱에 기대어 두면 금방 식는단다. 그릇에 식힌 밥과 동치미 무, 동치미 국물을 담고 그 위에 참기름과 통깨를 충분히 뿌리면 돼. 원하면 송송 썬 매운 배추김치나 잘게 자른 김을 고명처럼 올려도 좋아. 삶은 소면을 찬물에 헹궈 동치미 국물에 말아 먹어도 맛있어.

간단하게 동치미를 담그는 법도 일단 남겨볼게.
혹시 모르잖아. 손수 만든 동치미를 먹고 싶어지는 날이 올지도.
그날이 오기 전까지는 시판 동치미를 사다가 동치미말이밥이나
국수를 만들어 먹으면 되니 너무 조급해 하지는 마.

동치미 담그기

인터넷에 간단하고 쉽게 만드는 동치미 레서피가 많길래 그중 몇 개를 믹스했어. 동치미는 무 자체가 단단하고 맛있어야 하니 동치미 무는 조금 비싸도 한국 무로 준비하렴. 먼저 무를 소금과 사이다로 절이는데 여름에는 1시간, 겨울에는 3시간이 필요해. 동치미 국물은 쌀밥, 마늘을 블렌더에 갈아 면보(체로 대체 가능)에 넣고 물에 우려내. 요기까지만 하면 다 만든 거나 마찬가지.

Dongchimi kimchi

ingredient 배 ½개, 청양고추와 홍고추 각 2개씩, 쪽파 5뿌리, 소금 3T, 액젓 1T, 뉴슈가 ½T

무 절이기 무 1kg, 소금 2T, 사이다 200ml

동치미 국물 배와 양파 각 ½개씩, 마늘 5톨, 생강 3조각,
흰쌀밥 3T, 사이다 100ml, 생수 2L

Recipe

1. 무는 납작하게 썰어 지퍼백에 소금, 사이다와 넣고 실온에서 절인다.
2. 생수를 제외한 동치미 국물 재료를 믹서에 갈아 면주머니에 담는다.
3. 김치통에 생수를 붓고 ②의 면주머니를 넣어 조물거려 간 재료가 앙금 없이 풀어지게 한다.
4. 지퍼백에 절여둔 무와 절인 물까지 모두 준비한 통에 쏟아붓는다.
5. 소금과 액젓, 뉴슈가를 넣어 동치미 국물의 간을 맞추어 잘 섞는다.
6. 고추는 어슷썰고 쪽파도 묶어 동치미 국물에 같이 넣는다.
7. 실온에서 하루 두었다가 냉장보관해 먹는다.

오이의 꼬들거리는 식감이 살아 있어야 성공이야.
반드시 물기가 없을 때까지 볶아야 해.
볶은 소고기와 섞어 따뜻하게 밥 위에 올려 먹으면 훌륭한 덮밥이 되지.
도시락 반찬으로, 밑반찬으로 두고 먹어도 좋아.

오돌오돌 소고기오이볶음

혼자 살면서 생오이까지 사다 먹기가 쉽지 않지. 오이지나 오이김치면 몰라도 생오이를 상하지 않게 오래 두고 먹기 힘들거든. 혹시 냉장고에 오이가 있다면 꼭 해보자. 오이를 잠시 소금에 절여 꼭 짜서 팬에 볶는 거야. 신선한 생오이를 아작 베어물 때와는 다른 그 나름의 맛이 있어. 오이와 잘 어울리는 고기볶음을 섞어 냉장고에 두면 며칠 동안 그렇게 든든할 수가 없더라. 지갑 안에 작게 꼬깃꼬깃 감춰둔 비상금처럼. 오돌거리는 오이를 먹을 땐 기분도 좋아질 거야.

cooking time 20분(1~2인분)

ingredient 다진 소고기 100g, 오이 1개, 소금 1T
고기 양념 간장·설탕·다진 마늘 각 1t씩

Recipe

1. 다진 소고기는 키친타월에 올려 핏물을 빼준다.
2. 핏물을 제거한 소고기는 간장, 설탕, 다진 마늘에 재운다.
3. 오이는 얄팍하게 저며 썰어 소금을 뿌려 10분간 절였다가 꼭 짜서 물기를 없앤다.
4. 꼭 짠 오이는 기름 없는 팬에서 물기가 없어질 때까지 볶아 접시에 옮겨 한김 식힌다.
5. 양념에 재운 소고기도 기름 없는 팬에 뭉치지 않게 볶는다.
6. 한김 식힌 볶은 오이 위에 볶은 소고기를 올려 섞는다.

Tip

제육볶음에는 많은 양념이 들어가니
한 번에 많이 만들어 소분해 냉동해둬. 해동해 볶을 때
채소를 더 넣으면 식감까지 잡을 수 있어.

EVENING MENU

요긴한 제육볶음

눈물이 쏙 나게 매콤한 제육볶음에 흰 쌀밥. 위로와 평화는 종종 다른 곳이 아닌 내가 만들어 먹는 소박한 음식에서 얻기도 하지. 제육볶음은 언제 먹어도 누가 먹어도 맛없다는 반응이 어려운 메뉴. 돼지고기의 고소한 맛과 매콤달콤한 양념의 어우러짐, 그리고 채소의 식감까지 완벽에 가까운 한국 음식 중 하나야. 게다가 양념해 소분해두면 언제라도 한끼 식사가 해결되는 기특한 음식이지. 제육용 돼지고기는 목살부터 삼겹살, 샤브샤브 부위까지 뭐든 가능해.

cooking time 30분(2~3인분)

ingredient 제육용 돼지고기 500g 양파 1개, 대파 1대,
당근 약간, 홍고추 2개, 깻잎, 통깨
양념 고추장과 맛술 각 3T씩, 고추가루 1T,
간장·굴소스·설탕·다진 마늘·참기름 각 2T씩, 후춧가루 조금

Recipe

1. 제육용 고기를 키친타월에 올려 핏물을 빼준다.
2. 양파, 대파, 당근 등을 채썰고 고추는 송송 썬다. 채소가 없다면 양파만 넣는다.
3. 고기와 채소를 양념에 10분간 재운다.
4. 한 번 먹을 분량으로 소분해 작은 봉투에 담아 명기해 냉동한다.
5. 소분해 냉동한 제육볶음은 전날 냉장실로 옮겨둔다.
6. 팬에 올려 양념이 타지 않도록 익혀 깻잎은 채썰어 올리거나 통깨를 뿌려낸다.

EVENING MENU

스피드 된장찌개

피곤한 저녁에는 찌개 끓이는 것도 부담스러워. 마트에 파는 찌개용 된장만 있으면 간단하게 끓일 수 있지. 아무것도 필요 없고 그 된장과 두부만 있어도 오케이. 찌개용 된장에 호박과 두부, 버섯을 넣으면 구수하고 담백한 시골 스타일의 된장찌개가 되고, 고추장을 추가해 매콤하게 끓이면 진한 고깃집 뚝배기 된장찌개가 되지. 차돌박이를 듬뿍 넣으면 든든한 된장찌개가 완성이야. 지친 날, 힘든 날 그리고 밥하기 싫은 날… 구원투수 같은 메뉴야. 오늘은 고깃집 된장찌개를 끓여볼게. 15분이면 충분해.

cooking time 15분(1~2인분)

ingredient 두부 ½모, 청고추 또는 홍고추 2개, 양파 ½개, 대파 ½대,
멸치다시마육수 또는 생수 250~300ml
양념 찌개용 된장 2T
생략 가능{고추장·고춧가루·참치액젓·다진 마늘·참기름 각 ½T씩}

Recipe

1. 두부는 먹기 좋은 크기로 썰고, 고추는 어슷하게 썬다.
2. 양파와 대파도 잘게 잘라 썬다.
3. 냄비에 멸치다시마육수를 붓고 양념 재료를 풀어 센불에서 끓인다.
4. 찌개가 끓기 시작하면 준비한 두부와 채소를 넣고 중불로 낮춘다.
5. 10분 후 불에서 내려 먹는다.

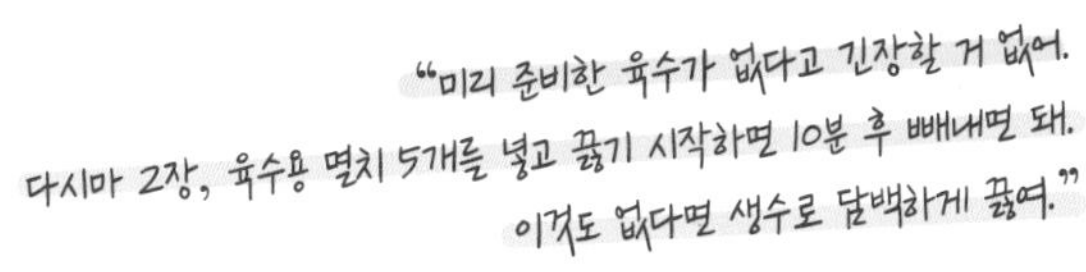

"미리 준비한 육수가 없다고 긴장할 거 없어.
다시마 2장, 육수용 멸치 5개를 넣고 끓기 시작하면 10분 후 빼내면 돼.
이것도 없다면 생수로 담백하게 끓여."

Instant ricecake soup

시판 사골국에 냉동 만두일지라도 만둣국을 끓여 먹으면 오래 전에 식구들이
다 같이 모여 새해 첫날을 보냈던 시간이 떠올라 마음이 포근해져.
꼭 새해가 아니라도 종종 엄마는 네가 만둣국을 먹으며 할머니 할아버지를
생각하고 시끌시끌하고 행복했던 그 시간을 기억했으면 좋겠어.

EVENING MENU

때로는 시판 사골국으로 떡만둣국

네가 만약 엄마 근처에 살았다면 엄마가 끓여다준 사골국으로 냉동실이 꽉꽉 채워졌겠지. 그런데 사람 일이라는 건 알 수 없잖아. 엄마표 냉동 사골국이 없을 땐 시판 사골국이나 사골육수 엑기스 제품을 활용해봐. 물론 사골국 끓이는 법을 알려주고 싶지만, 레시피만 봐도 웬만하면 엄마한테 잘 보여 얻어먹는 게 좋겠다는 생각이 들 거야. 그저 냉동실에 엄마표 사골국을 상비해둘 수 있다면 최선을 다해 부모님께 애교떨면서 살아가는 게 삶의 지혜라고 말해줄게. 요즘은 시판 사골국이나 사골육수 엑기스 제품도 있으니 급한대로 시판 제품을 활용해 떡만둣국을 끓여 먹는 것도 괜찮아.

사골국이 준비되었다면 냉동 만두와 떡국용 떡을 꺼내 실온 해동부터 해. 해동할 시간이 없으면 떡국떡은 찬물로 한번 씻어 체반에 밭쳐 물기를 빼 놓으면 돼. 냄비에 사골국을 붓고 불에 올려 끓기 시작하면 냉동 만두와 떡국용 떡을 넣고 떡과 만두가 둥둥 떠오르길 기다려. 그때가 되면 3분 정도 더 끓이다 불에서 내리지. 그릇에 담아 김가루나 달걀지단, 어슷썬 대파를 올려서 즐겨. 후춧가루는 취향에 따라.

cooking time 20분(1인분)

ingredient 시판 사골국 250ml, 냉동 만두, 냉동 떡국용 떡, 김가루 또는 달걀지단, 대파

Curry and Naan

카레를 만들 때 제일 중요한 단계는 레시피 4번의 양파 캐러멜라이징 단계야.
카레의 깊은맛이 이때 생기지. 그러니 시간이 걸리더라도 꼭 충분히 볶아야 해.
촉촉한 카레를 좋아하면 물을 조금 더 넣고, 되직한 카레를 좋아하면 물 양을 줄여줘.
부드럽게 먹고 싶다면 물 대신 우유로 농도를 맞춰. 풍부한 맛이 나.

EVENING MENU

죽여주는 카레와 난

언제나 어디서나 먹어도 맛있는 카레는 원래 인도 음식이지만 지금은 전 세계인이 즐기는 글로벌 메뉴야. 혼자 사는 사람들에게 카레까지 해 먹으라고 하면 장난하냐 할 테지만, 조금만 귀찮으면 정말 죽여주는 카레를 만들 수 있어. 냉장고에 두면 일주일도 먹을 수 있지. 카레는 보통 소고기나 닭고기 카레 베이스에 감자, 당근, 양파를 넣은 게 기본이야. 고형카레만 있다면 취향껏 채소와 고기를 넣고 만들면 돼. 고형카레는 매운맛의 정도에 따라 선택하는데, 카레와 물의 양은 제품 뒷면에 표기된 권장량을 따라해.

cooking time 20분(2~3인분)

ingredient 고체카레와 물(권장량), 닭고기 또는 소고기 300g, 양파 1개, 버터 10g, 감자와 당근

Recipe

1. 닭고기나 소고기를 취향에 따라 준비한다.
2. 고기는 한입크기로 잘라 키친타월 위에 올려 핏물을 뺀다.
3. 양파를 가늘게 채썰고, 다른 채소는 먹기 좋은 크기로 썬다.
4. 채썬 양파는 버터를 둘러 중약불에서 오랫동안 캐러멜라이징한다.
5. 양파가 연갈색이 되면 핏물 뺀 고기를 넣어 볶다가 채소도 함께 볶는다.
6. 고체카레와 분량의 물을 넣고 중약불에서 15분 이상 푹 끓여 완성한다.

홈메이드 난 만들기

카레는 흰밥 위에 올려 먹으면 카레밥이 되고 삶은 우동면 위에 부으면 카레우동이 되지. 카레에 곁들이는 최고의 조합을 꼽는다면 인도 식당에서 즐겨 먹는 난(Naan)일 거야. 한번 먹으면 끝없이 입으로 들어가는 난을 집에서도 간단히 만들어 먹을 수 있어. 만드는 방법도 간단해 한번 만들면 계속 하게 될 걸? 카레와 함께 맛보면 인도에 와 있는 기분이 들 거야.

cooking time 20분(3~4장분)

ingredient 박력분 100g, 그릭요거트 80g,
베이킹파우더 2g, 소금 1꼬집, 올리브유

Recipe

1. 박력분에 그릭요거트를 넣고 잘 섞는다.
2. 베이킹파우더와 소금을 각각 넣어가며 반죽을 매끄럽게 만든다.
3. 반죽을 3~4등분해 밀대로 밀어준다.
4. 팬에 올리브유를 바르고 키친타월로 닦아낸 후 반죽을 올린다.
5. 한 면을 2~3분씩 구워 타지 않게 굽는다.

"난 반죽을 할 때 모양은 일정치 않아도 돼.
밀대 바닥에 밀가루를 조금 뿌리면 들러붙지 않게 펼 수 있어."

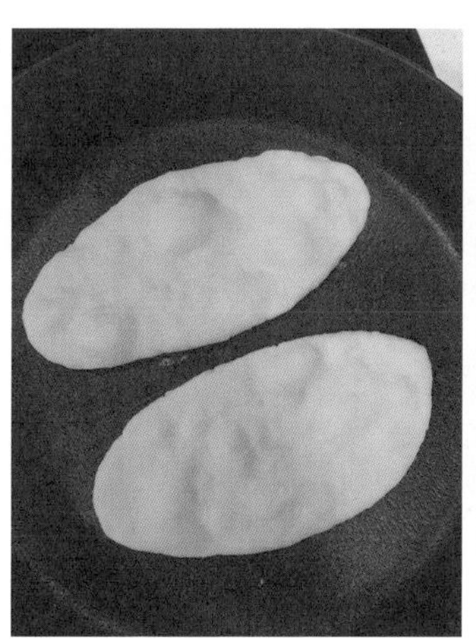

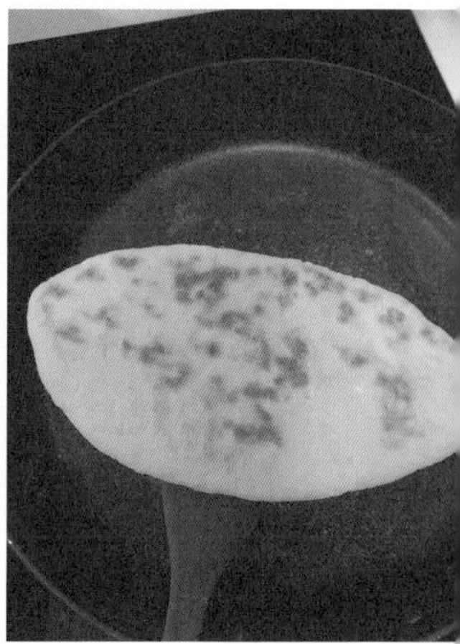

Pick 엄마 친구 레시피 2

@yyun_living

이윤지 이모의 나폴리탄 스파게티

"오랫동안 라이프스타일 블로그를 운영해온 유명한 이모야. 워킹맘이면서 아이를 위한 밥상을 고집하는 집밥 수호자이기도 하지. 최근에는 음식, 레시피에 대한 콘텐츠를 운영 중인데 이모만의 기발한 노하우가 돋보여. 엄마도 이모가 SNS에 올리는 레시피를 저장해두었다가 알고 있던 레시피와 짬뽕하기도 하고, 문자를 주고받으며 팁을 공유하기도 해. 이모가 기막힌 스파게티 레시피를 알려준다니, 너무 신나지?"

ingredient 20분(2인분)

파스타면 2인분, 양파와 파프리카 각 ½개씩,
양송이버섯 1개, 마늘 5~6톨, 비엔나소시지 5개,
버터 1조각
면 삶기 올리브유, 소금
소스 토마토케첩 7T, 돈가스소스 2T, 설탕 ½T

Recipe

1 양파와 파프리카는 얇게 채썰고 마늘은 편썬다. 양송이버섯과 소시지는 한입크기로 준비한다.

2 파스타면은 올리브유와 소금을 넣은 끓는 물에서 평소보다 1분30초 더 삶는다. 나폴리탄은 면이 알덴테보다 푹 익혀야 맛있다. 면수 1국자도 남겨둔다.

3 팬에 준비한 채소를 모두 넣고 볶다가 토마토케첩을 넣고 약불에서 30초간 볶아 신맛을 날린다. 돈가스소스와 설탕을 넣고 골고루 섞는다.

4 ③에 삶은 파스타면과 면수 1국자를 넣고 섞는다.

5 마지막에 버터 1조각을 넣어 소스가 겉돌지 않으면 완성이다.

Tip ◇ 들어가는 품에 비해 맛도, 비주얼도 탁월한 요리야.
보통 나폴리탄 스파게티에는 굴소스를 넣지만
여기엔 일식 돈가스소스를 사용했어!
소스의 꾸덕함을 위해 면수는 꼭 한국자만 넣어줘.

thank you

친구들과 기쁨을 두 배로 나누는 날

FROM MOM

너를 사랑해주는 친구들에게 끝내주는 음식 한두 가지 근사하게 차려줘.

행복하냐고 묻는다. 어른이 되면 대부분 "별로"라고 답하지. 이래서 힘들고, 저래서 힘들고… 남들이 보기엔 행복할 것 같은 수많은 조건을 가진 사람들도 사실 알고 보면 한두 가지의 고통을 견디고 살고 있더라. 그래서 꽤 괜찮은 행복 충족조건을 가진 사람들도 쉽게 행복하다고 말하지 못하는 것 같아. 물론 사회적 분위기도 한몫하지. "응~ 난 너무 행복해."라고 하기엔 좀 재수 없어 보이고 잘난 척하는 것 같아 덜 행복하다 하기도 해. 하지만 다른 사람들의 인생을 들여다보면 각자 나름대로의 십자가가 그들의 어깨에 매달려 있는 것 같아.

그래서 엄마는 이렇게 생각하기로 했어. 원래 인생은 행복한 게 디폴트가 아닌 거야. 왜 꼭 인생이 행복해야 한다고 생각해? 모두의 인생이 원래 행복하다고 생각하는 것 자체가 오류인 거지. 원래 인생은 고통스럽고 힘든 거야. 하루하루 견디고 이겨내고 싸워서 살아내야 하는. 그래서 아주 가끔 느끼는 행복함, 충만함, 그리고 만족감으로 각자 인생의 고비고비를 넘겨 버티는 게 인생인 거 같아.

'왜 나만 불행하지? 왜 나만 힘들지?'라고 생각하면 더 힘들고 고통스러워. 대신 말이야, 살다가 눈물나게 행복한 날이나 기분이 째지는 날만큼은 맘껏 기뻐하고 행복하라고 말하고 싶어. 친한 친구들과 모여 축배를 들어도 좋고, 보고싶던 친구들을 초대해 맛있는 음식을 맘껏 먹는 거야.

정말 좋은 일, 행복한 일이 생겼을 때 같이 축하해주고 기뻐해주는 친구는 너를 정말 사랑하는 친구일 거야. 질투하지 않고 배 아파하지 않고 진심으로 너를 응원하고 축하해주는 친구들. 그런 날 환하게 웃으면서 축하해주는 친구들에게 통장잔고 생각하지 말고 제일 좋은 식자재로 끝내주는 음식 한두 가지를 근사하게 차려내는 거야.

너를 사랑해주고 축복해주는 친구들과 나누는 기쁨과 행복은 두 배, 세 배가 될 테니까.

Vinchot

THANK YOU MENU

따뜻하게 뱅쇼

뱅쇼는 홈파티 분위기는 내고 싶지만 술은 피하고 싶을 때 추천하는 메뉴야. 유럽의 감기약으로도 불리는데, 감기에 걸렸을 때 생강이나 배, 대추를 넣고 약처럼 오래 뭉근하게 달여 먹는 우리나라 배숙과도 비슷하지. 와인에 각종 과일을 넣고 오랜 시간 끓이는데 와인의 알코올 성분이 날아가 술을 마시지 못하는 사람들도 마실 수 있어. 각종 과일의 향과 체온을 올려주는 한방 재료인 정향, 그리고 통계피까지 들어 있어 향기도 일품이지.

뱅쇼의 기본 재료는 와인과 레몬, 오렌지 등의 감귤류, 그리고 시나몬과 정향처럼 향을 내는 허브야. 와인은 끓일 거니까 비싸지 않은 걸로 준비하고 과일은 레몬이나 오렌지, 사과, 딸기 등을 슬라이스해. 냄비에 와인을 붓고 슬라이스한 과일, 시나몬, 정향, 설탕까지 모두 넣고 센불에 올려. 끓어오르면 약불로 줄여 30분간 더 끓이다가 충분히 식힌 후 과일은 거르고 음료만 병입해 냉장고에 두고 즐기는 거야. 마실 때마다 데우는데 취향에 따라 꿀이나 설탕 추가.

와인을 끓여 달이다 보니 완성했을 때 생각보다 양이 얼마 되지 않아. 넉넉히 여러 사람이 마시려면 레시피의 2배수로 만드는 걸 권해. 내용물이 보이는 투명한 잔에 따뜻한 뱅쇼를 넣고 통계피 한 개를 띄워 즐기면 함께하는 순간이 더 빛날 거야.

cooking time 1시간(500~600ml)

ingredient 와인 1병(750ml), 통계피 1.2개, 정향 2~3알, 설탕 취향껏,
냉장 과일(레몬·오렌지·사과·딸기 등) 국그릇 1개분

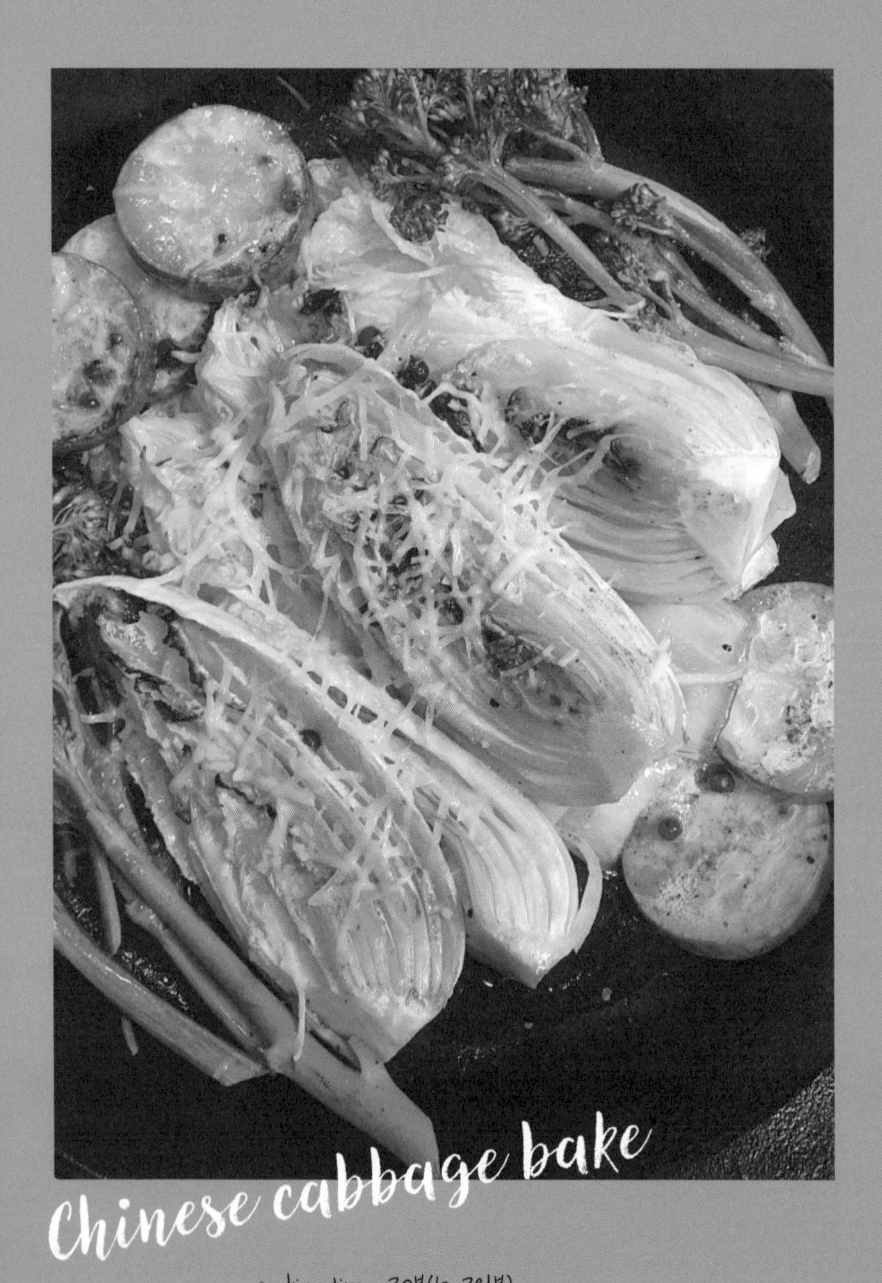

Chinese cabbage bake

cooking time 20분(1~2인분)

ingredient 알배추 1개, 소금·통후추·설탕 각 1꼬집씩, 화이트비네거 ½T, 올리브유 2T, 파프리카파우더, 치즈

THANK YOU MENU

고수의 알배추구이

몇 년 전에 로컬잇 셰프님 쿠킹클래스에 간 적이 있는데 채소로 이렇게 크리에이티브한 레서피가 나온다는 사실에 기가 막혔어. 정말 세상엔 숨은 고수, 조용히 나대지 않고 자리에서 세상을 밝히는 분들이 많다는 걸 또 한 번 깨달았지. 진정한 고수랄까. 사실 오버하거나 나대고 시끄러울수록 알고보면 시시한 게 많잖아. 이 메뉴는 와인과도 궁합이 좋으니 친구들 왔을 때 만들어봐. 포털사이트에 레시피가 공개되어 있길래 간단히 정리해봤어.

알배추는 겉껍질을 제거해 작은 잎은 반만 자르고, 큰 잎은 3등분해. 밑동을 살려야 모양이 흐트러지지 않으니 주의해야 해. 알배추 위에 소금→통후추→설탕→화이트비네거→올리브유→파프리카파우더 순으로 뿌린 후 200℃로 예열한 오븐에서 10분간 구워. 에어프라이어는 180℃에서 6~7분이면 적당해. 지금부터가 중요한데 시어링이라 부르는 단계야. 팬에 올리브유와 버터를 두른 뒤 오븐에서 구운 알배추를 꺼내어 한 번 더 앞뒤 노릇하게 구워주는 거지. 이 단계를 거치면 알배추 겉면이 더 바삭해지고 풍미도 높아져. 물론 바쁘다면 생략 가능해. 냉장고에 브로콜리, 호박, 아스파라거스 등이 있다면 시어링 단계에서 같이 구워주렴. 더 근사한 요리가 돼. 구운 채소를 접시에 담고 그라노파다노치즈나 레드페퍼를 뿌리면 완성.

불패 메뉴, 간장꿀치킨윙

THANK YOU MENU

우리는 즐거운 일이 있을 때 일단 치킨을 시키잖아. 파티를 하거나 중요한 스포츠 게임이 있는 날, 친구들이 모이고 가족들이 다같이 있는 시간이 되면 바삭하고 고소한 치킨을 주문하지. 그래서 바삭하게 튀겨진 치킨을 보면 행복해지는 거야. 왁자지껄 떠들던 순간마다 함께 먹었던 음식이니까. 행복한 순간 즐거웠던 기억이 담긴 음식.

치킨윙은 왠만하면 다 맛있게 조리되는 신기한 식자재야. 그냥 소금과 후추만 넣고 오븐에 구워도 맛있고 간장꿀소스로 양념해서 오븐에 구워도 기가 막히지. 이 맛있는 치킨윙을 더 바삭해지게 기름에 두 번 튀겨 소스에 버무리면 얼마나 맛있겠니. 유명 치킨 프렌차이즈에서 파는 간장소스 홈메이드 버전을 소개할게. 절대 실패할 수 없는 안심 메뉴랄까. 파티음식으로 내놓으면 아마 친구들이 매일 온다고 할지도 몰라. 조심해~

Chicken wings

Tip

튀긴 치킨은 키친타월에 올려 한김 식혀.
이렇게 두 번 튀기면 더 바삭해져.

Recipe

cooking time 30분(2~3인분)

ingredient 치킨윙 20개, 우유 ½컵,
전분 2T, 튀김용 식용유
간장꿀소스 간장·설탕·물 각 2T씩,
꿀과 식초 각 1T씩, 다진 마늘 1t

1. 치킨윙은 우유에 15분간 재워 잡내를 없앤 후 씻어 물기를 제거한다.
2. 위생봉투에 치킨윙과 전분을 넣고 흔들어 섞는다.

3. 오목한 팬에 치킨윙이 살짝 잠길 만큼의 식용유를 붓고 센불로 올린다.
4. 기름 온도가 170°C가 되면 윙을 넣고 중불로 낮추어 노릇하게 튀긴다.
5. 키친타월에 올려 기름기를 빼주고 한김 식힌다. 튀기는 과정 2회 반복.
6. 같은 팬에서 키친타월로 기름기를 걷어내고 소스 재료를 모두 넣고 중불로 끓인다.
7. 소스가 살짝 끓으면 바로 불에서 내려 튀겨둔 치킨윙과 버무린다.

겉바속촉 연어빠삐요뜨

THANK YOU MENU

'빠삐요뜨'는 불어로 종이, 포장지라는 뜻으로 연어빠삐요뜨는 쿠킹페이퍼(요리용 종이포일)로 연어를 감싸서 구워낸 요리야. 그래 알아. 혼자 살면서 손질해 정성스레 구워야 하는 생선요리는 언감생심이지. 그래도 연어는 구하기도 쉽고 조리법도 간단한 게 많잖아. 큰 마트에서 연어 한 조각을 사 오면 왠지 꽤 근사한 저녁일 것 같아 기분도 좋아져.

연어는 팬에 구워도 되는데 오븐이나 에어프라이어에 굽는 게 사실 더 간단해. 오븐은 180℃로 예열해두고, 소스 재료를 모두 섞어 연어 겉면에 잘 발라둬. 종이포일에 연어를 올리고 사방을 둘러싸게 종이포일을 돌돌 말아주는데, 이때 종이포일을 물에 적셨다가 꼭 짜서 사용하면 원하는 대로 모양 잡기가 쉬워. 아스파라거스와 양파는 연어 밑에, 레몬이나 케이퍼가 있다면 연어 위에 올려 구우면 풍미가 더 좋아지지. 이제 오븐에 넣고 20분간 구워내면 겉은 바삭하고 속은 촉촉한 연어를 맛볼 수 있어. 에어프라이어는 180℃에서 15분.

cooking time 30분(2~3인분)

ingredient 연어 큰 조각 2개(500g), 아스파라거스와 양파, 레몬 또는 케이퍼

소스 꿀과 올리브유 각 2T씩, 간장과 다진 마늘 각 1T씩, 파프리카가루 1t, 허브가루 1/2t, 소금과 후춧가루 각 1꼬집씩

Salmon papillot

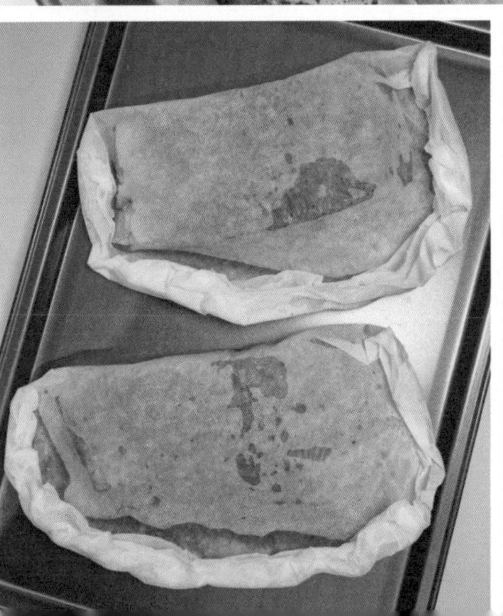

Hainanese chicken rice

THANK YOU MENU

스페셜 하이난식 치킨라이스

엄마가 사는 싱가포르에서 대표적인 음식 중 하나가 하이난식 치킨라이스야. 어딜 가도 이 음식은 늘 먹을 수 있어. 양념과 채소는 조금씩 달라도 촉촉하고 차가운 닭고기와 고소한 밥은 항상 곁들여 나오지. 중국의 하이난이라는 지역에서 유래된 음식인데 이민자들의 영향을 받아 싱가포르에서 자리잡았다고 해. 처음 맛보았을 때는 밍밍한 찐 밥에 차갑게 식은 치킨의 조화가 상당히 낯설었지. 그런데 이게 자꾸 생각나는 거야. 마치 한국의 물냉면처럼 말야. 간이 쎄고 짜고 달고 양념이 비교적 강한 싱가포르 음식 중에 이런 점잖은 음식이 있어 참으로 다행이라고 여러 번 생각했어. 중국 셰프에게 배운 정통 레서피를 조금 간단하게 변형해볼게.

하이난식 치킨라이스는 '호커센터'부터 쇼핑몰 푸드코트까지 어디서든 맛볼 수 있는 메뉴야. 호커센터는 싱가포르 정부가 길거리 음식을 모아둔 곳인데, 삼시세끼를 합리적인 가격으로 해결해주는 곳이기도 해.

하이난식 치킨라이스의 킥은 치킨오일에 있어. 닭다리살이나 가슴살을 기름에 튀겨 만든 치킨오일로 밥을 짓는 거지(기본 밥짓기 P. 034 참조). 칠리소스와 곁들이거나 중국식 간장에 비벼 먹는데, 슴슴한 맛이 매력적인 음식이야.

cooking time 30분(2~3인분)

ingredient 쌀 2컵, 물 300~350ml
샬롯 또는 작은 양파 3개, 마늘 3톨, 생강 2조각,
레몬그라스 2대, 판단잎 또는 허브 1줄기,
치킨스톡 1개, 참기름 3T, 소금 1꼬집
치킨오일 3T 닭다리살 100g, 식용유 ½컵

Recipe

1. 팬에 식용유를 붓고 닭다리나 닭가슴살을 튀긴다.
2. 오일에 치킨향이 입혀지면 치킨오일 3T를 받아둔다.
3. 샬롯과 마늘은 반 자르고, 판단잎은 돌돌 말아 꺾어 뭉쳐둔다. 생강은 도톰하게 저민다.
4. 팬에 치킨오일 3T와 샬롯, 마늘, 생강을 넣고 볶다가 레몬그라스를 더해 같이 볶는다.
5. 마지막에 판단잎을 넣고 불을 끈다.
6. 쌀을 씻어 솥에 넣고 그 위에 ④의 치킨오일에 볶은 채소와 오일, 치킨스톡, 소금을 올린다.
7. 물을 부어 밥을 안치고 밥이 지어지면 채소를 빼낸다.
8. 밥에 참기름을 넣고 버무려 하이난식 치킨과 같이 낸다.

“판단잎은 동남아시아 채소인데,
구하기 어렵다면
좋아하는 허브로 대체하거나 자스민차
우린 물을 조금 넣으면 돼.”

하이난식 치킨 만들기

cooking time 1시간(2~3인분)

ingredient 닭도리탕용 닭 500g, 물 2L,
생강 3조각, 마늘 3톨,
판단잎 또는 허브

Recipe

1. 닭도리탕용 닭을 깨끗이 씻는다.
2. 판단잎은 지저분한 끝부분만 잘라내고 일정한 길이로 다듬는다.
3. 큰 냄비에 닭과 물, 생강과 마늘, 판단잎을 넣고 끓인다.
4. 끓어오르면 약불로 줄여 30분간 익힌다.
5. 삶은 닭고기는 바로 꺼내 얼음물에 담가 10분간 둔다.
6. 닭고기는 덩어리로 먹기 좋게 살을 발라 밥과 함께 낸다.
7. 시판 칠리소스나 양념간장을 곁들여 먹는다.

Oven-grilled fish

THANK YOU MENU

시선집중 생선오븐구이

'붉바리(Red grouper)'라는 이름의 생선이야. 싱가포르나 동남아시아에서 흔한 농어과 바다 생선인데 우리나라에서도 남해에서 서식한다고 해. 보통 구이나 탕으로 즐기는데 간단하게 양념해 오븐에 구워 먹는 조리법을 알려주고 싶어. 마늘을 얇게 저미고 다진 허브, 레몬이나 라임만 있으면 꽤 훌륭한 생선요리를 만들 수 있지. 생선을 반 갈라 재료를 안에 넣고 음식용 실로 몸통을 묶어 형태가 유지되게 굽는 게 포인트야. 붉바리는 조기나 굴비, 고등어처럼 비린 맛이 심하지 않은 생선이라면 대체 가능해.

cooking time 30분(1~2인분)

ingredient 붉바리(필레 타입) 1마리, 레몬 또는 라임 2개, 마늘 4톨, 파슬리 또는 딜 3줄기, 소금, 후춧가루, 올리브유

소스 버터 20g, 다진 마늘 1T, 다진 파슬리 1줄기

Recipe

1. 생선은 몸통을 반 가르고, 레몬은 저미고, 마늘은 편썬다.
2. 반 가른 생선에 저민 레몬과 편마늘, 파슬리 3줄기를 넣는다.
3. 요리용 실로 열십자모양으로 묶는다.
4. ③에 소금과 후춧가루, 올리브유를 뿌려 마사지한다.
5. 180℃로 예열한 오븐에서 앞뒤 10분씩 총 20분간 굽는다.
6. 팬에 소스 재료를 넣고 중불에서 살짝 끓어오르면 불을 끈다.
7. 오븐에서 꺼낸 생선의 실을 풀고 소스를 넉넉하게 뿌려낸다.

Cheese board

cooking time 20분(3~4인분)

ingredient 다양한 종류의 치즈, 크래커, 과일 또는 햄, 살라미, 육포

THANK YOU MENU

센터피스 치즈플레이트

얼마 전부터 SNS에 각종 치즈와 햄을 작품처럼 플레이팅하는 포스팅이 유행하더라. 플레이트는 파티 테이블의 센터피스 같은 존재야. 그런데 이게 생각보다 재료비가 높더라. 그러니 사람이 많이 모이는 날에 도전해야 재료비가 아깝지 않을 거야. 치즈플레이트를 만들려면 우선 가장자리가 흘러내리지 않을 얇은 테두리나 턱이 있는 평평한 접시나 우드보드가 필요해. 그 다음 준비한 재료를 눈앞에 펼쳐놓고 하나씩 놔보는 거야.

Recipe

① **원형 케이크나 치즈로 중심잡기** 플레이트 중앙에 조각낸 케이크를 원형 그대로 모양을 살려 놓는다.

② **베리류로 컬러 포인트** 블루베리, 딸기, 방울토마토, 적포도, 청포도 등으로 사이사이에 컬러 포인트를 준다.

③ **스틱형 재료는 컵에 담기** 스틱쿠키나 오이채, 당근채, 오징어포처럼 길다란 재료들은 작은 종지나 유리컵 등에 담아 중간에 놓아 단차를 낸다.

④ **제철과일로 포인트** 무화과나 키위, 사과 등 단면이 예쁜 과일은 슬라이스해 단면이 위로 오도록 올린다.

⑤ **살라미나 육포는 겹치게** 얇고 긴 타입의 햄은 겹치게 펼쳐서 몇 군데 놓는다.

⑥ **미끄럽지 않은 재료는 가장자리** 플레이트 가장자리에 턱이 없다면 육포나 살라미처럼 미끌거리지 않는 재료로 가장자리를 두른다.

⑦ **견과류는 끼리끼리** 특이한 너트류나 군밤, 호두정과 같은 종류는 한데 모아 작은 그릇에 넣어 플레이트에 올린다.

Apple tart

애플파이를 만들면 집안의 모든 냄새가 계피 향에 숨겨져 그 향만으로도
행복해져. 애플파이 한 조각에 바닐라아이스크림 한 스쿱 곁들이면 환상이지.
어떤 모임에 애플파이를 구워갈 수 있는 솜씨 하나 정도 있다면
꽤 괜찮은 인생 아닐까.

THANK YOU MENU

대체불가 애플타르트

엄마는 애플파이를 너무 좋아해. 어릴 때 외할머니가 자주 만들어주기도 했지만 달콤한 사과잼이 바삭한 파이지 안에 담긴 애플파이는 정말 대체불가한 음식인 것 같아. 따뜻하게 구워진 애플파이는 생각만으로도 행복해져. 요즘은 애플파이가 다시 유행하면서 파이집도 많이 생기던데, 이상하게 애플파이는 다른 빵과 달리 밖에서 맛있는 집을 찾기가 어렵더라. 그래서 맛있는 레시피를 더 찾게 돼.

애플타르트 레시피는 간단한 것부터 복잡한 것까지 다양한데, 이번에 소개하는 레시피는 시판 냉동 파이크러스트를 활용해 구워. 사과콩포트를 왕창 만들어 냉동해두면 파이를 만들 때마다 사용하기 좋더라. 사과는 어차피 설탕에 졸여야 하니 저렴한 걸로 사.

파스타와 고기를 먹은 후에도, 한식으로 밥과 국을 먹고나서도 따뜻하게 데운 애플파이는 모든 사람들이 환영하는 디저트 메뉴더라. 들어가는 노력에 비해 결실이 꽤 근사하게 나오는 메뉴야.

"구운 파이는 한김 식혔다가 윗면에
살구잼이나 복숭아잼을 바르면
표면이 반짝이고 더 예뻐져."

cooking time 30분(5인분)

ingredient 시판 냉동 파이크러스트 1롤, 파이용 사과 2개, 달걀물 또는 녹인 버터

사과콩포트 사과 2개, 버터 30g, 설탕 50g, 계피가루 20g(조절 가능), 레몬즙 1T(생략 가능)

Recipe

1. 냉동 상태의 시판 파이크러스트는 실온에서 1~2시간 해동해 준비한다.
2. 콩포트용 사과는 껍질을 벗겨 잘게 자르고, 파이용 사과는 채칼로 얇게 저민다.
3. 팬에 잘게 자른 사과와 나머지 재료를 넣고 사과콩포트를 만든다. 사과의 숨이 죽고 설탕과 어우러져 끈적이게 될 때까지 약불에서 15분 이상 졸인다.
4. 졸여 만든 사과콩포트를 핸드믹서로 곱게 간다.
5. 파이 틀에 쿠킹페이퍼를 깔고, 파이크러스트를 올려 틀에 맞게 자른다.
6. 구울 때 부풀지 않도록 크러스트 바닥은 포크로 균등하게 찍는다.
7. 사과콩포트를 고르게 깔고 그 위에 저민 사과를 조금씩 겹쳐가며 깐다.
8. 달걀물이나 녹인 버터를 붓으로 칠한다. 구움색이 예뻐진다.
9. 185℃로 예열한 오븐에서 25분 정도 굽는다. 5분 가감 가능.

냉동 파이크러스트는 굽기 직전에 해동해.
너무 일찍 꺼내두면 반죽이 녹아 파이 형태를 잡기가 어려워.

Apple compote

엄마는 할머니의 애플파이가 먹고 싶은 날,
냉동실에 있는 파이크러스트를 꺼내
애플타르트를 구워.
그리고 할머니한테 전화를 해.
"엄마 뭐 해~ 엄마가 만든 애플파이 먹고 싶어."
나이가 오십이 넘어도 엄마가 늘 최고잖아.

THANK YOU MENU

환호성을 부르는 통삼겹오븐구이

가수 성시경이 지인을 초대해 음식을 나누어 먹는 유튜브 채널에서 감탄사가 끊이지 않았던 메뉴야. 지인이 먹고 싶어하는 요리를 직접 정성껏 준비해서 함께 먹는데, 이 메뉴를 맛본 이들의 얼굴에 미소가 가득했지.

모처럼 친구들을 집으로 초대한 날, 성시경이 알려준 통삼겹오븐구이 어때? 엄청 유명한 셰프들의 통삼겹 레시피를 보면 따라하고 싶은 마음이 들지 않을 만큼 복잡하고 힘든데 이 레시피는 아주 간단해. 너처럼 요리 게으름뱅이들에겐 찰떡 같은 레시피야. 오븐이 없다고? 걱정할 거 없어. 에어프라이어로도 충분하니까.

김이 모락모락 나는 따끈한 통삼겹구이를 호호 불면서 잘라 큰 접시에 겹겹이 비스듬하게 담아내. 구운 채소와 함께 내면 안주는 물론 파티 메인요리로도 환호성이 나오지. 들어가는 재료도 간단하고 조리법도 간단해 손님 초대 메뉴로 완벽해. 약간 무심하게 만들면 되는데, 접시에 담아내고 나면 무척 스페셜한 메뉴야.

"성시경표 통삼겹구이의 포인트는 크리스피한 껍질에 있어.
그 맛을 내려면 키친타월 위에 통삼겹을 올려
냉장실에서 하룻밤 껍질 부분을 말려줘야 해.
시간이 부족하다면 껍질 부분을 잘 닦아 식초와 소금을 조금씩 뿌려
130°C의 낮은 온도에서 1시간 구워 말리면 돼.
껍질이 잘 말라 있어야 본 요리 때 바삭하게 구워져."

Oven-roasted pork belly

cooking time 1시간30분(1~2인분)

ingredient 통삼겹 300g, 오일 3T

고기 양념 파프리카가루와 소금 각 2/3T씩, 카이엔페퍼와 설탕 각 1/2T씩, 큐민 1t, 소금과 후춧가루 약간씩

Recipe

1. 통삼겹은 키친타월에 올려 핏물을 뺀 뒤 냉장고에 두어 건조시킨다.
2. 건조 과정을 거친 통삼겹의 살코기 부분에만 벌집모양 칼집을 내준다. 양념이 잘 스며들고 골고루 구워진다.
3. 고기 양념 재료를 모두 섞어 준비한다.
4. 통삼겹의 껍질 부분은 바삭하게 구워지도록 오일을 바르고, 벌집모양 살코기 부분은 준비한 고기 양념을 바른다.
5. 종이포일로 통삼겹의 옆과 아래를 감싸 준비한다.
6. 210°C로 예열한 오븐에서 50분~1시간 굽는데 중간에 한 번 뒤집는 게 좋다. 에어프라이어는 180°C에서 1시간.
7. 꺼내어 먹기 편한 두께로 썰어준다. 채소를 함께 구워 매칭해도 좋다.

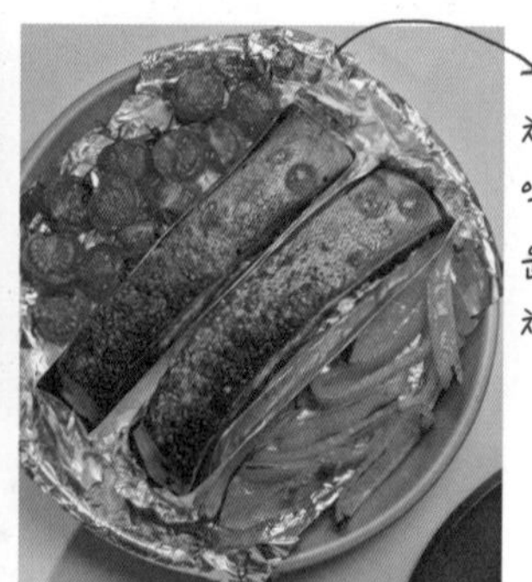

Tip

채소는 15분이면 충분히 익어. 오븐에서 고기를 구운지 45분쯤 되었을 때 채소를 추가해 구워.

성시경 유튜브 채널을 볼 때마다 생각해.
저 유명한 가수도 저렇게 열심히 요리하고 새로운 레서피를
연구해 사람들에게 알려주는데, 주부인 나는 부족한 거 아닌가.
더 정진하고 더 고민해야 하는 거 아닌가. 우리 같은 비전문가들은
하루하루 한끼마다 정성을 다하고 성실히 순간을 채우면서
요리가 늘고 레서피가 다양해지고 재료에 대한 지식이 넓어지거든.
그래서 엄마는 요리를 열심히 하는 사람들은 싫지가 않더라.
그 사람의 삶에 대한 태도와 자세 같아 보여.

칼럼 둘

끝내주는 스테이크 굽기의 기술

반찬이 없는 날, 속이 허한 날, 밥이랑 국이 먹기 싫은 날도 스테이크만 있으면 모든 게 용서가 되지. 집에서 스테이크 먹는 날에는 주머니 사정이 허락하는 한 제일 좋은 고기를 사. 부드럽고 담백한 안심, 더 고소한 등심도 좋아. 등심은 부위에 따라 꽃등심, 살치살로 나뉘는데 살치살은 육즙과 지방이 많아 풍성한 맛을 내. 꽃등심은 마블링이 많지만 식감이 부드럽고 쫄깃하지. 채끝살은 안심과 등심 사이로 두 부위의 장점을 모두 가져 스테이크로 최고 부위로 꼽혀. 동네에서 좋은 고기를 합리적인 가격으로 구할 수 있는 정육점이 있다면 거기 사장님께 밝게 인사하며 지내렴.

좋은 고기를 구입했다면 맛있게 굽는 일이 남았지. 스테이크를 잘 굽는 방법만 알고 있어도 어디서든 인정받을 수 있어. 찬찬히 설명해줄게.

"구운 스테이크를 양파와 함께 밥 위에 올리면 스테이크덮밥이 되지. 샐러드, 파스타, 리조또와 곁들여도 최고의 식사를 즐길 수 있어."

1. 상온에 2시간 전에 꺼내두기

스테이크를 만들 때 중요한 건 고기의 온도야. 냉장고에서 막 꺼낸 고기는 온도차가 크거든. 미리 꺼내어 상온에서 2시간 정도 두면 겉과 속 온도가 일정져 고기가 고루 익어.

2. 핏물 빼기

고기의 잡내를 없애는 비결이야. 키친타월 위에 올려 미리 핏물부터 빼야 해. 15분이면 충분해.

3. 소금과 허브로 밑간하기

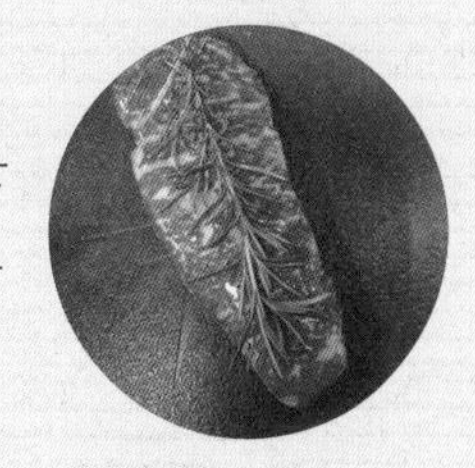

굽기 10~20분 전에 소금이나 허브로 밑간해. 후춧가루는 불에 그을리면 몸에 안 좋은 성분이 나오니 고기를 구워 먹기 직전에 뿌려. 오일은 굽기 전에 마리네이트를 하는 게 좋아.

4. 센불에서 빠르게 굽기

오일로 마사지한 고기는 센불에서 빠르게 앞뒤 겉면을 익혀. 고기 두께에 따라 굽는 시간이 조금 다른데 한 면씩 노릇해지게 1분이면 돼 . 이때 버터 하나 올리면 풍미도 끝내줘.

5. 육즙 꽁꽁! 레스팅하기

레스팅은 쿠킹포일로 감싸거나 뚜껑을 닫아서 잠시 휴지하는 과정이야. 고기를 익히고 바로 자르면 육즙이 빠져나오거든. 5분 정도 레스팅 과정을 거쳐야 육즙이 골고루 퍼져.

6. 고기 자르기

스테이크는 고기결 반대 방향으로 잘라야 근섬유를 잘라 더 부드러워져. 한입크기로 먹기 좋게 잘라 겨자, 민트젤리, 소금을 곁들여 드셔봐.

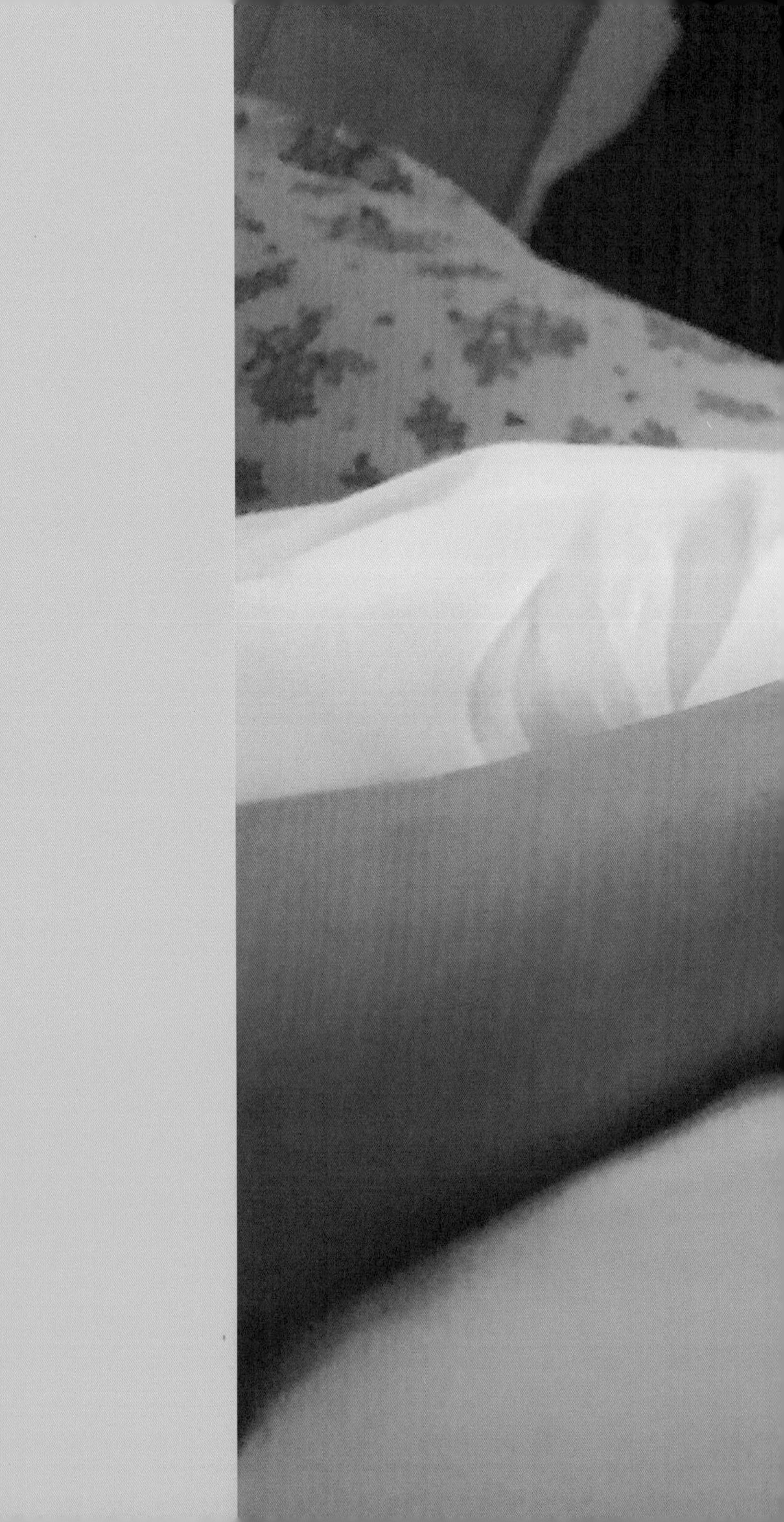

missing mom

몸이 아파… 엄마가 그리운 날

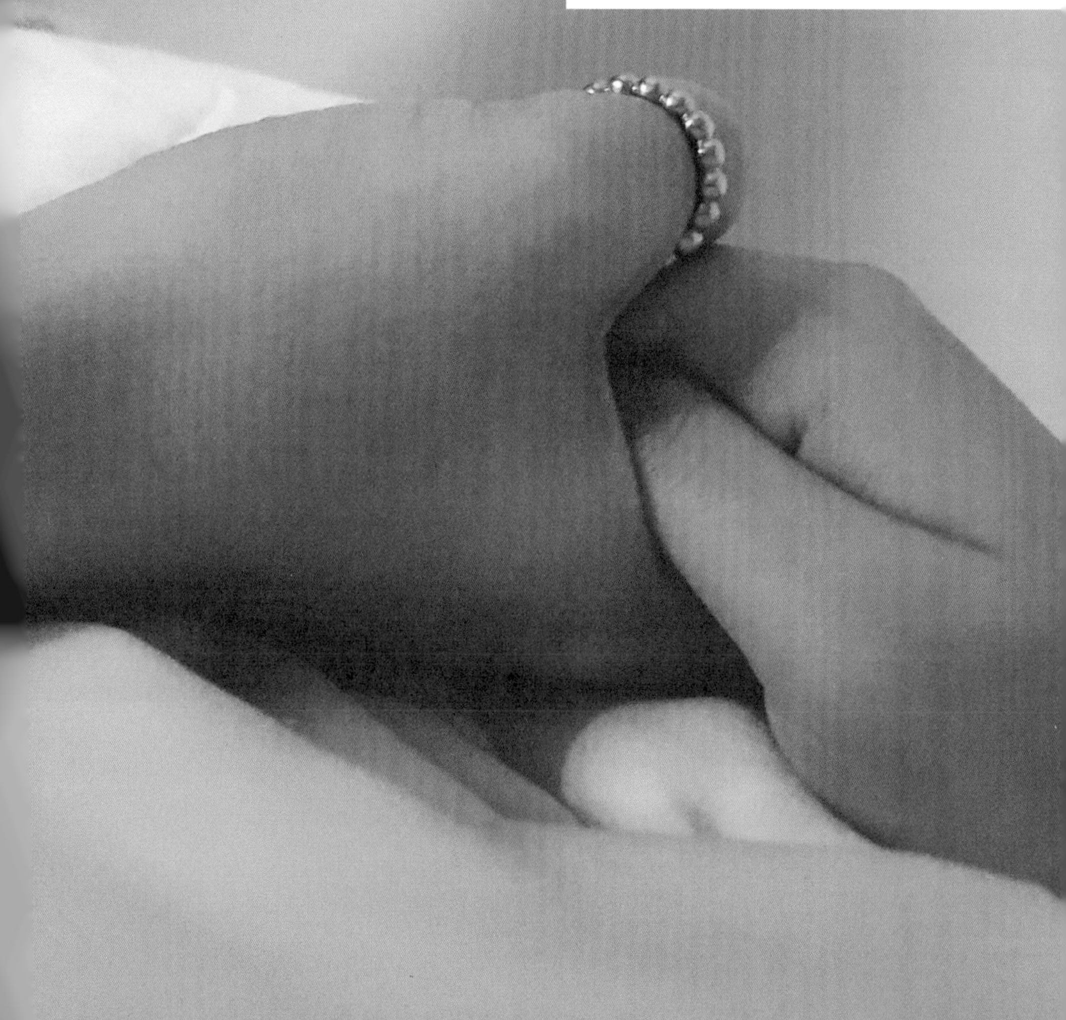

FROM MOM

아픈 날엔 더 나은 밥상을 차려 먹어.
부탁이야.

엄마는 말이야, 너랑 떨어져 지내니 무소식이 희소식이라는 말이 정답이라는 생각이 들어. 학교생활이 바쁘고 즐거울 때는 연락이 뜸하다가 아프거나 힘든 일이 있거나 외롭거나 쓸쓸하거나 집이 그리울 때면 너에게서 전화가 오지. "엄마…"하는 목소리에 반갑고 기쁘다가도 가슴이 철렁 내려앉아. 공부가 힘든가, 어디가 아픈가, 마음이 복잡한가… 그러다가 네 목소리 몇 마디만 들어도 대강 감이 잡히지. 멀리 떨어져 사니 애미가 해줄 수 있는 건 하나도 없어. 그냥 얘기를 들어주는 것뿐.

공부가 힘들다 하면 "오늘은 무조건 일찍 자~ 네가 선택한 길이니 힘들어도 어쩔 수 없잖아"하고 슬쩍 책임을 전가해보기도 하고, "공부는 원래 힘든 거야"라며 뻔한 꼰대 스타일의 조언도 해보지. 어떤 날은 위로를 받고 싶은 마음이 느껴져 "오늘 하루는 아무 생각하지 말고 일찍 자고, 내일 일어나면 어쩌면 별일 아니라 생각이 될 거야" 라고도 말해주지. 무엇보다 네가 몸이 아프다고 할 때 엄마는 마음이 가장 힘들어. 옆에 있었다면 죽이라도 끓여 먹이고 뜨거운 꿀물이라도 타서 먹일 수 있을 텐데. 멀리 사는 애미는 전화통을 붙잡는 것밖에는 아무것도 해줄 수가 없더라.

엄마도 사실은 우리 엄마, 외할머니가 보고 싶은 날이 있어. 오십이 되어가도 그런 날이 있으니 네가 전화한 날은 어쩌면 정말로 엄마가 꼭 보고 싶거나 누군가의 위로가 필요한 날일 수도 있을 거야. 어쩌다가 좋아하던 미역국 냄새, 갓 지은 흰쌀밥 냄새, 엄마가 자주 해주던 순두부찌개 냄새라도 난다면 문득 엄마가 보고 싶어질 수도 있겠지. 그런 음식들이 매개체가 되고 트리거가 되어 향수병을 불러오기도 하더라. 그런 날엔 평소보다 조금 더 괜찮은 밥상을 차려 먹으라고 해주고 싶네. 멀리 있는 엄마가 세상에서 가장 사랑하는 너에게 유일하게 원하는 일은 바로 그거거든. 제대로 좋은 음식을 먹는 너의 건강한 모습. 따뜻한 음식을 맛있게 먹는 자식의 모습을 보는 것만큼 애미가 기쁜 일은 없더라.

멀리 있지만 엄마가 보고 싶거나 몸이 아픈 날에는 우리 엄마가 가장 기뻐할 일을 해보는 건 어때? 아니 꼭 그렇게 해줘. 부탁이야.

Kimchi stew

부엌에서 보글보글 끓이는 김치찌개 냄새가 나면 마음이 노곤해진다.
몸이 처지는 날, 아프고 힘든 날에는 김치찌개 냄새로 공간을 채워봐.
식사를 하고 푹 자고 일어나면 어제보다는 더 나은 내일이 기다릴 거야.
네가 김치찌개 먹는 날 엄마는 더 간절히 기도할게.

일단 끓여! 멸치김치찌개

몸이 힘든 날에는 일단 김치찌개를 끓여보는 거야. 매콤하고 뜨끈한 김치찌개에 하얗게 지은 쌀밥 한 공기, 그렇게 든든하게 먹고 나면 다시 회복할 힘이 생기거든. 김치찌개는 돼지고기나 꽁치 혹은 참치를 넣고 끓이기도 하는데, 진하게 우린 멸치육수에 잘 익은 김치를 넣고 끓이는 게 정석이지. 냉장고에 오래된 김치, 신김치만 있다면 메뉴 고민할 거 없이 무조건 김치찌개야.

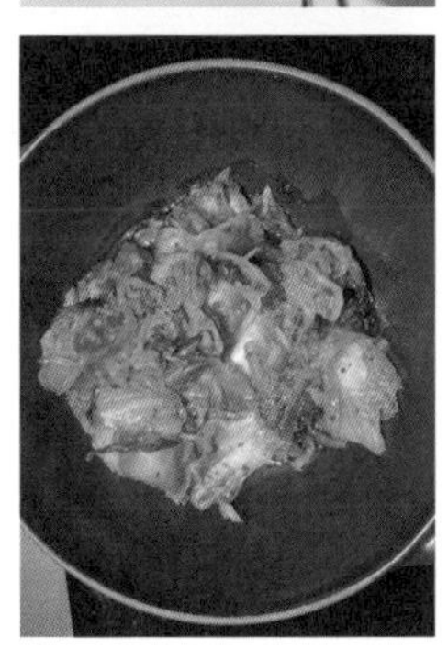

cooking time 20분(2인분)

ingredient 잘 익은 김치 또는 묵은지 250g, 다진 마늘 1T, 고춧가루(취향에 따라), 대파 1대, 들기름 4t

멸치육수 육수용 멸치와 다시마 또는 육수팩 1개, 물 300ml

Recipe

1. 잘 익은 김치를 먹기 좋은 크기로 자른다. 푹 익은 김치일수록 좋다.
2. 물 300ml에 국물용 멸치와 다시마를 넣고 센불에 올려 끓으면 중불로 낮춰 10~15분 후에 건더기를 건진다.
3. 냄비에 들기름을 두르고 김치를 볶아주고 다진 마늘을 넣는다.
4. 매운맛을 좋아한다면 김치국물 혹은 고춧가루를 더해서 멸치육수를 붓고 끓인다.
5. 중불에서 10분 정도 끓이다 어슷썬 대파를 넣어 부르르 끓인다. 두부를 좋아한다면 ½모 정도 먹기 좋은 크기로 잘라 이때 넣는다.

ENERGY MENU

입맛 없을 땐 볶음고추장

엄마는 어릴 땐 자주 아팠어. 어느 날엔가 학교를 못 가고 누워 있는데 외할머니가 볶음고추장을 만들어주셨지. 달콤한 볶음고추장에 밥을 비벼 먹는데 등에서 땀이 쪼로록 흐르는데 너무 맛있는 거야. 밥 한 공기를 싹싹 비웠지. 그 후로도 입맛이 없거나 아프면 늘 할머니가 해주신 볶음고추장이 생각나더라. 오독오독 고기가 씹히고 달콤하면서도 매콤한 볶음고추장이 냉장고에 있으면 언제든 밥 한그릇 뚝딱이지. 상추나 깻잎 등에 싸서 쌈밥으로 먹거나 비빔밥으로도 좋아. 외할머니한테 배워둔 레시피야.

볶음고추장에는 다진 소고기가 들어가. 첫 번째 할 일은 소고기의 누린내를 빼는 일이야. 키친타월에 20분 정도 올려 핏물을 제거한 다음 소고기 양념 재료에 버무려. 그 다음 양념한 고기를 센불에서 뭉치지 않도록 고슬거리게 살짝 볶아 다시 키친타월에 올려 기름기를 완전히 빼줘야 해. 이제 다른 팬에 고추장 양념 재료를 몽땅 넣고 약불로 살살 저어가며 끓여줘. 양념이 끓기 시작하면 기름을 뺀 볶은 고기를 넣고 버무리면 되지. 불을 끄고 취향에 따라 통깨, 잣 등을 넣고 섞으면 완성이야.

"깻잎이나 상추 위에 흰밥과 고추장을 듬뿍
올려 돌돌 말아 한입 먹어봐.
아픈 거 힘든 거 싹 나아질 걸."

cooking time 30분(5~6인분)

ingredient 다진 소고기 100g

소고기 양념 간장·설탕·맛술·다진 마늘·참기름 각 ½T씩, 후춧가루 조금

고추장 양념 고추장 4T, 매실청·오일·꿀·참기름 각 1T씩, 통깨 넉넉히, 잣 약간

혼자 살거나 독립하면 가장 힘든 게 먹는 일이야.
먹는 것에서의 독립이 힘들지만 제일 잘해야 하는 부분이지.
부실하게 먹기 시작하면 몸이 아프고 정신까지 모든 게 무너지게 되거든.
조금만 부지런하면 얼마든지 해결할 수 있어. 잘 먹어야 멋진 독립을 시작할 수 있어.

Persimmon punch

cooking time 30분(5~6잔분)

ingredient 시나몬파우더 2T, 생강 조각 5개(10~15g), 물 1.5L, 흑설탕 5.5T, 소금 1꼬집, 곶감이나 잣, 대추 등 약간

ENERGY MENU

천연 소화제, 수정과

차승원의 레시피가 몇 가지 유명한데 그중에서도 수정과 레서피는 타의 추종을 불허하는 초간단 레시피야. 추운 겨울날, 이가 시릴 정도의 차가운 수정과를 맛본 이들은 그 매혹적인 맛을 잊지 못하지. 컨디션 저하로 왠지 달달한 음료가 당길 때, 속이 답답해 천연 소화제가 필요할 때 수정과를 마셔봐. 숙취에도 좋으니 과음한 다음날에는 냉장고에서 시원한 수정과를 꺼내 마시는 거야.

수정과를 만들려면 계피 혹은 시나몬이 필요해. 대부분 계피와 시나몬이 같은 재료라고 알고 있는데 사실 맛부터 달라. 시나몬이 계피에 비해 부드러운 맛과 매운맛이 덜하지. 모양은 둘 다 돌돌 말려 있는 막대기 타입인데, 시나몬은 안이 꽉 차 여러 겹으로 말려 있고 계피는 속이 텅 비어 있어. 오늘은 구하기 쉬운 시나몬파우더로 만들어보자.

먼저 시나몬파우더를 티백에 넣고, 생강도 잘라 티백에 넣어줘. 냄비에 분량의 물을 붓고 준비한 티백을 넣고 끓이다가 중약불로 줄여 25분간 더 끓여. 시나몬과 생강을 넣은 티백을 건져내고 흑설탕과 소금을 넣어 한 번 더 부르르 끓으면 불을 끄고 차갑게 식혀. 냉장고에 보관해두고 곶감이나 잣, 대추 등을 컵에 넣고 수정과를 따라 마시면 돼. 어때? 죽이지?

ENERGY MENU

엄마표 겉절이 무생채

엄마는 가끔 무생채가 너무 먹고 싶어서 별로 당기지도 않는 수육을 하거나 고기를 굽기도 해. 거의 일주일에 한 번씩은 무생채를 해 먹는 거 같아. 아삭거리는 무를 매콤하고 달큰한 양념에 버무려서 쌈에도 맘껏 넣어 먹고 고기 위에도 올려 먹지. 게다가 무는 영양은 높고 칼로리는 낮은 기특한 채소야. 비타민C도 가득하고 식이섬유, 칼륨, 마그네슘 그리고 항산화 성분도 풍부하지. 기침이나 감기 기운이 있을 때 꿀에 재워 먹을 정도이니 무로 만든 메뉴는 무조건 찬성! 크고 잘생긴 한국 무를 사와서 매콤한 무생채를 산더미처럼 만들어 냉장고에 두었다가 먹어.

cooking time 40분(2~3인분)

ingredient 무 300g, 다진 파 1T, 통깨

절임소스 올리고당 3T, 액젓 1T, 소금 ½T

양념 고춧가루 1T, 다진 마늘·올리고당·식초·액젓 각 1t씩, 설탕 약간

Recipe

1. 무를 잘게 채썰어 위생봉투나 지퍼백에 넣고 올리고당과 액젓, 소금을 넣은 절임소스에 30분간 절인다.
2. 30분 뒤에 꺼내서 손으로 꽉 짜준다.
3. 볼에 물기를 제거한 무와 양념을 넣고 잘 버무린다.
4. 다진 파와 통깨를 뿌려낸다.

Korean style radish salad

무는 차가운 성질의 채소야. 혹시 속이 좋지 않거나
소화가 안 되는 날에는 익혀 먹거나 너무 많이 먹지 않도록만 주의해.

STAUB

ENERGY MENU

반찬 없이 토마토밥

말랑하게 익은 토마토를 밥에 비벼 먹는 토마토밥. 조금 생소하지? 그런데 다른 반찬이 없어도 토마토밥 하나만 있으면 컨디션 좋지 않은 날, 몸이 허한 날에 든든한 보양식이 되지. 토마토는 그냥 먹어도 좋지만 열을 가해 조리해서 먹는 게 더욱 좋다고 해. 토마토의 라이코펜이라는 성분은 노화의 원인인 활성산소를 배출하는 효능이 있는데, 끓이거나 으깨면 체내에서 영양분 흡수가 잘 돼. 그러니 토마토밥을 해 먹으면 얼마나 좋겠어!

토마토밥이 한창 유행하던 때가 있었어. 인스타그래머들이 피드로 올리고 그걸 보고 또 먹을 것에 관심 많은 사람들은 한두 번씩 해보기도 했지. 몸에 좋은 토마토를 통으로 넣어 갓 지은 밥은 보기에도 참 예쁘더라. 그런데 레시피대로 해보니 딱히 맛은 없더라고. 오래전에 배운 토마토밥 레시피가 있었는데 그건 이렇게 아름답지 않았어. 대신 맛이 아주 좋았거든? 그래서 이 두 가지 레시피를 믹스해봤지. 보기에도 예쁘고 맛도 좋은 토마토밥 레시피를 알려줄게.

토마토는 전세계 셰프들에게 가장 사랑받는 재료이자 유명한 석학들이 언급하는 건강 식재료야. 토마토를 활용한 메뉴는 수천수만 가지일 텐데 이렇게 솥밥을 짓거나 밥솥에 넣는 레시피는 최근에 등장한 것 같아. 레시피에도 유행이 있다는 거 재미있지 않니?

쌀물 대신 치킨스톡을 물에 풀어 넣어줘. 소금도 1꼬집 넣으면 더 맛있는 토마토밥이 돼.

cooking time 15분(2인분)

ingredient 쌀 2컵, 토마토 2개, 양파 1개, 다진 마늘 2T, 치킨스톡 푼 물 1컵, 소금 1꼬집, 올리브유 2T

Recipe

1. 양파는 잘게 잘라 다진 마늘과 함께 올리브유에 볶는다.
2. 쌀은 씻어두고 물에 불리지 않고 바로 체반에 올려 물기를 제거한다.
3. 토마토 1개는 잘 씻어 중앙에 열십자모양으로 칼집을 낸다.
4. 남은 토마토 1개는 씨 부분은 발라내고 나머지 부분을 잘게 썬다.
5. 냄비에 쌀과 ①의 볶음, 잘게 자른 토마토를 넣고 치킨스톡 푼 물을 붓는다.
6. 열십자모양으로 칼집낸 토마토를 올리고, 센불에서 끓기 시작하면 약불로 줄여 12~13분 후에 불을 끄고 5분 이상 뜸들인다.
7. 채소를 넣고 밥을 지을 때는 물의 양을 쌀 총량보다 20% 가량 적게 잡는다.

STAUB
Tomato rice

매콤하게 즐기고 싶으면 닭고기를 찢어
고춧가루와 다진 마늘, 소금으로 2:1:1 비율로 양념해서 국물에 풀어 먹어.

ENERGY MENU

삼계탕 대신 초간단 닭곰탕

컨디션이 안 좋을 때 서양에서도 치킨수프를 끓여 먹더라. 뭉근하게 오래 우려낸 닭육수는 치유와 회복을 위한 좋은 음식이지. 각종 한약재와 찹쌀까지 넣어 푹 끓인 삼계탕이 떠오르는 날에는 초간단 닭곰탕을 끓여. 맛이야 그보다 조금 덜하겠지만 그래도 비슷한 위로의 맛을 느낄 수 있을 테니. 생닭 만질 생각에 겁먹을 필요는 없어. 닭도리탕용으로 손질된 걸 사용하면 되니까. 무엇보다 한약재 냄새가 싫을 때 해 먹기 좋아. 찬밥이 있다면 같이 끓여봐. 맛있는 닭죽이 된다.

cooking time 1시간(2인분)

ingredient 닭도리탕용 닭 500g, 양파 1개, 대파 1대, 무 2토막, 마늘 5톨 또는 생강 2조각, 통후추 5알, 월계수잎 2장, 소금 또는 연한 국간장, 물

Recipe

1. 닭도리탕용 닭은 왕소금으로 문지른 뒤 흐르는 물에 깨끗이 씻는다.
2. 큰 냄비에 준비한 닭과 양파, 대파, 무, 마늘, 통후추, 월계수잎을 넣고 닭이 잠길 만큼의 물을 붓고 센불로 끓인다.
3. 끓어오르면 중약불로 낮춰 40분간 푹 고아준 뒤 불을 끈다.
4. 한김 식혀 체망이나 면보에 건더기를 거르고, 삶은 닭고기는 뼈를 바르고 살은 결대로 찢는다.
5. ④에서 거른 닭육수와 닭고기를 같이 넣고 먹기 전에 뜨겁게 한 번 더 끓여 소금이나 맑은 국간장으로 간한다.

cooking time 30분(2인분)

ingredient 소고기(양지머리) 100g, 무 1/4개, 대파 1/2대, 다진 마늘 1/2T,
액젓 또는 국간장 1/2T, 소금, 참기름
소고기 밑간 맛술과 간장 각 1/2T씩, 후춧가루 약간
멸치육수 3~4컵 멸치육수용 다시팩 1개, 물 5컵

ENERGY MENU

만능 해결사 소고기뭇국

무는 꽤 오래 먹을 수 있는 채소야. 가늘게 채썰어 고춧가루와 양념해 버무리면 무생채가 되고, 고기와 함께 끓이면 국물을 시원하게 만들어주지. 또 얇게 썰어 전을 부치면 맛있는 무전이 되거든. 무엇보다 비타민C가 풍부해 면역력이 무너진 상태라면 꼭 먹어야 하는 채소야.

특히 시원한 소고기뭇국은 엄마가 정말 좋아하는 음식이지. 소고기와 무만 있으면 만들 수 있고 다른 반찬이 필요 없는 훌륭한 식사 메이트. 한 번 끓여 냉장고에 두면 며칠 집밥 걱정까지 없애주는 만능 해결사지. 무가 들어가 시원하면서 달큰해서 좋아. 속을 따뜻하게 해주고 소화도 쉽고 해독시켜주는 효능도 있단다. 컨디션이 좋지 않은 날에 강력 추천이야.

만들기도 어렵지 않아. 먼저 무는 납작하게 썰고 대파는 잘게 썰어. 소고기는 키친타월에 올려 핏물을 빼준 뒤 맛술, 간장, 후춧가루로 밑간해. 멸치다시팩을 물 1리터에 10~15분간 끓여서 멸치육수 3~4컵 준비해둬. 이제 냄비에 참기름을 두르고 밑간한 소고기와 무를 넣고 볶다가 준비해둔 멸치육수 붓고 센불에서 끓여. 끓어오르면 중불로 낮춰 15~20분 끓이다 잘게 썬 대파와 다진 마늘을 넣고 부르르 끓으면 불을 꺼. 간은 국간장이나 액젓, 그리고 소금으로 맞추면 돼. 취향에 따라 후춧가루를 더해.

무에서 우러나오는 단맛은 어떤 조미료로도 흉내낼 수가 없어. 고기를 오래 끓여내는 국물엔 무가 아주 똑똑한 조력자가 되지. 듬직하고 우직한 무는 오래된 친구 같은 재료야. 경상도에서는 뭇국을 매콤하게 먹는데 간단히 변형하면 육계장 같은 매콤한 뭇국을 먹을 수 있어. 소고기뭇국과 동일한 재료에 버섯과 숙주, 대파, 고춧가루, 미림만 더 챙기면 돼. 후춧가루는 먹기 직전에 취향에 따라 결정해.

cooking time 30분(2인분)

ingredient 소고기(양지머리) 100g, 무 ½개, 대파 2대, 버섯 3~4개(생략 가능), 숙주 한움큼(콩나물 대체 가능), 고춧가루·국간장·참기름 각 1T씩, 다진 마늘·미림·참치액젓 또는 멸치액젓 각 ½T씩, 물 600~700ml

Recipe

1. 무는 납작하게 썰고 대파는 4~5cm 길이로 썬다. 버섯과 숙주도 준비한다.
2. 소고기는 키친타월에 올려 핏물을 뺀다.
3. 냄비에 참기름을 두르고 소고기와 다진 마늘을 센불로 볶다가 무를 넣고 같이 볶는다.
4. 대파도 함께 넣고 볶다가 무와 대파가 익으면 먼저 고춧가루를 넣고 볶아야 물기가 덜 생긴다.
5. 국간장을 넣고 물, 미림, 액젓으로 간을 맞춘다.
6. 버섯과 숙주를 넣고 중불에서 20분 이상 뭉근하게 끓인다.

따뜻한 국물을 먹고나면 뱃속이 따뜻해지면서 잠이 와. 한숨 푹 자고 일어나면 아팠던 몸도 힘들었던 마음도 나아질 거야.

담백하고 뜨끈하게, 순두부달걀탕

몸이 아플 때는 혼자서 밥해 먹기가 제일 어렵지. 그래서 더 쓸쓸하고 울적하고 서글프기도 해. 아픈 것도 힘든데 먹을 것도 없고, 제대로 먹지를 못하니 회복하는데도 힘이 들지. 만들기도 쉽고 먹기도 부담 없는 순두부탕을 알려줄게. 시판으로 나온 재료들이 이런 날 빛을 발해. 동전모양의 육수 엑기스를 활용하면 10분만에 그럴싸한 탕이나 찌개가 완성되니 고맙기까지 하더라. 으슬으슬 감기 기운이 있는 날이나 속이 불편해서 밥 먹기가 부담되는 날, 담백하고 뜨끈한 국물을 채우고 나면 땀이 나면서 기운이 날 거야. 순두부와 달걀만 있으면 돼.

cooking time 15분(2인분)

ingredient 순두부 1봉지, 달걀 2개, 동전모양 육수 엑기스 또는 육수용 다시팩 1개, 물 2컵, 국간장이나 소금 또는 새우젓, 검은깨(생략 가능)

Recipe

1. 달걀은 작은 그릇에 잘 풀어둔다.
2. 냄비에 물과 동전모양 육수 엑기스를 넣고 3분간 끓인다.
3. 육수가 끓으면 순두부를 으스러지지 않게 넣는다.
4. 달걀 푼 것을 넣고 국간장이나 소금 혹은 새우젓으로 간한다.
5. 검은깨를 뿌리고 그릇에 담아낸다.

Silken tofu egg soup

"동전모양 육수 엑기스 대신 육수용 다시팩을 사용한다면
끓는 물에 10분간 끓였다가 꺼내면 돼."

Porridge congee

cooking time 30분(2인분)

ingredient 전복 2개, 말린 미역 10g, 찹쌀 또는 멥쌀 1.5컵, 들기름 또는 참기름, 깨, 국간장이나 소금, 물

힘내서! 미역전복죽

ENERGY MENU

생일엔 미역국을 먹어야 하고 몸이 아픈 날엔 전복죽을 먹어야지. 그래서 언제가 네가 아픈 생일에 엄마가 미역과 전복을 넣은 미역전복죽을 끓였지. 냉동이라도 전복만 구할 수 있다면 생각보다 만들기 간단해. 전복은 식자재용 솔을 하나 준비해 깨끗이 문질러 닦아 이빨과 내장을 분리해서 살만 얇게 잘라 준비하면 돼. 자신 없다면 손질된 전복도 있더라. 당근이나 호박 같은 채소를 잘게 썰어 넣어도 좋아.

생일에 미역국 못 먹는 자식 얘기를 듣거나 아프다는데 멀리 살아 죽도 끓여줄 수 없는 상황이라면 엄마들은 너무 속상해. 미역국이든, 전복죽이든, 미역전복죽이든 뭐라도 해 먹었으면 좋겠다.

Recipe

1. 손질한 전복은 잘게 썰고, 말린 미역은 물에 10분간 불렸다가 깨끗한 물에 씻어 한입크기로 자른다.
2. 찹쌀도 미리 씻어 물에 10분 이상 불려둔다. 찹쌀이 없다면 멥쌀(백미)도 좋다.
3. 냄비에 불린 미역과 전복을 넣고 들기름이나 참기름으로 볶는다.
4. 불린 찹쌀을 넣고 쌀의 6배 가량의 물을 붓고 끓인다.
5. 끓으면 중약불로 낮추고 쌀알이 풀어질 때까지 끓여 소금이나 국간장으로 간한다.
6. 그릇에 담고 깨를 뿌린다.

Pick 엄마 친구 레시피 3

Tip ◇ 포인트는 거품 없이 달걀물을 섞는 거야. 휘핑도구보다 젓가락을 활용하면 고운 입자의 달걀찜을 만들 수 있지. 달걀물에 붓는 다시육수의 온도도 중요한데, 체온과 비슷한 미지근한 게 좋아.

리오코Ryoko 이모의 일본식 달걀찜

"엄마가 싱가포르에서 사귄 일본 이모야. 한국식 집밥을 좋아하는 친구이기도 하지. 음식과 일본 다도에 대한 조예가 깊어 음식에 대한 이야기를 많이 나누기도 하는데, 무엇보다 집밥의 중요성에 대한 생각이 같더라. 리오코 이모가 소개하는 일본식 달걀찜은 간단한 요리지만 오랫동안 아주 작은 약불에서 익혀야 하는, 기다림이 필요한 요리이기도 해. 어디서든 쉽게 구할 수 있는 재료로 만들 수 있어."

ingredient 30분(2인분)

달걀 4개, 다시육수 2컵(달걀 분량의 3배), 간장 1T, 소금 ½T,
닭다리살 80g, 카마보코(일본식 어묵), 표고버섯, 시금치 또는 쑥갓이나 오크라
닭다리살 밑간 간장과 미림 각 2T씩

Recipe

1 닭다리살은 밑간해두고, 달걀은 볼에 깨트려 넣고 절대 휘젓지 않는다.
2 한김 식힌 다시육수를 붓고 간장과 소금으로 간한다.
3 거품이 생기지 않게 젓가락으로 살살 저어가며 체에 내려서 곱게 입자를 정리한다.
4 내열용기에 달걀물과 준비한 재료(닭고기, 버섯, 어묵, 채소 등)를 번갈아가며 조금씩 넣는다. 재료는 달걀 양의 20% 정도가 적당하다.
5 알루미늄포일로 용기 뚜껑을 덮고 스팀기에 올린다. 센불에서 3분, 약약불에서 20분 익힌다.

이 그림 기억나?
언젠가 울적해 하던 나에게
엄마가 좋아하는 도쿄 거리라며
네가 그려준 그림.

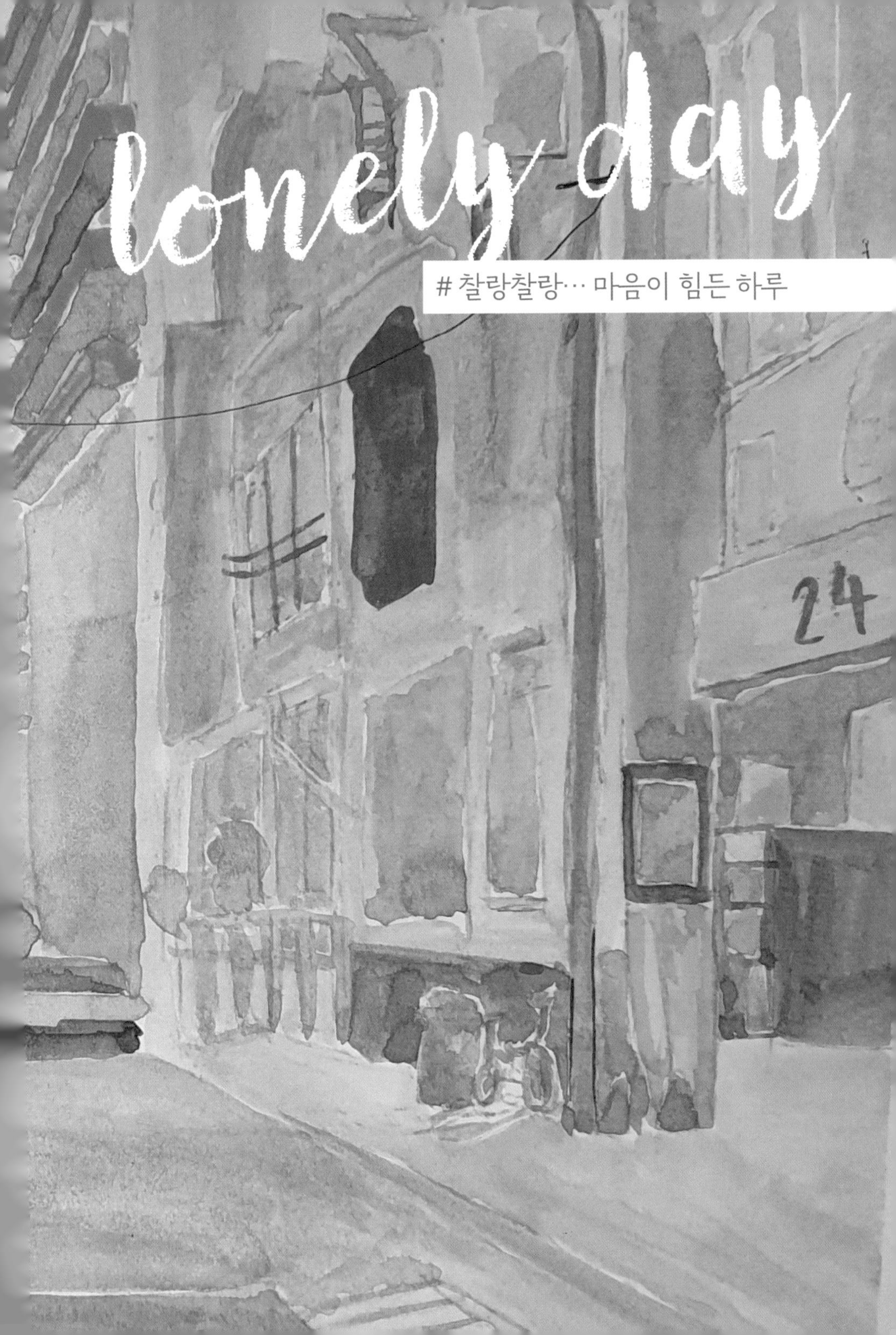

lonely day

찰랑찰랑… 마음이 힘든 하루

FROM MOM

매일매일이 슬프고
매일매일이 괜찮은 것도 아니야.

너를 멀리 유학 보낸 뒤부터 길거리에서 너랑 비슷한 또래의 대학생이나 고등학생 여자아이들만 봐도 문득 콧속이 매콤해지곤 해. 또래 여자아이가 엄마랑 팔짱을 끼고 가거나 식당 테이블에서 오손도손 얘기하는 모습을 볼 때면 가슴이 찌릿하게 아파오지. 어디선가 '엄마'하는 소리가 들리면 나도 모르게 주위를 살피고 목구멍이 콱 메기도 해. 엄마는 너의 독립이 언제쯤 익숙해질까? 언제쯤 분리됨에서 무뎌질까? 아직까지 영 신통치 않네. 어떤 날은 '방학이 되면 금방 다시 만나는데 뭐가 슬프냐'며 씩씩해하다가도 또 어떤 날은 '우린 다시 같이 살 수가 없는 건가' 싶을 때가 있어.

살다 보면 유독 슬프고 우울한 날이 있잖아. 그런데 매일 슬픈 것도 아니잖아. 늘 행복하고 기쁘면 좋겠지만 인생은 그렇지가 않더라. 모든 게 절망적이고 앞이 보이지도 않은 날들이 살면서 분명히 꽤 자주 찾아오거든. 그럴 때 술을 마시거나 나쁜 음식을 찾게 되는데 그게 자연스러운 인간의 본성인 것 같아. 에라 모르겠다 기분도 꿀꿀한데 아무거나 먹으면 어때. 하지만 그럴 때일수록 기운내서 좋은 음식, 위로가 되는 한끼를 먹어야 해.

스스로를 위로하는 방법은 여러 가지가 있어. 엄마는 네가 스스로를 위해 재료를 준비하고, 좋은 음식을 차리면서 식탁에 차분히 앉아 따뜻한 음식 한입 떠먹으면서 '아 괜찮겠구나, 나아지겠구나, 잘 할 수 있겠구나'하며 기운을 차렸으면 좋겠어. 무엇을 먹고 어떤 생각을 하면서 어떻게 회복할 수 있느냐가 그 사람이 가진 힘이 되고 그 사람을 살아가게 하는 원동력이 되어주거든. 기분이 나아지려면 기운을 차려야 하고, 슬픔도 고통도 흘려보내려면 그 사람이 가진 힘이 있어야 해. 그 힘은 잘 먹어야 생기더라. 엄마 말 믿고 너무 슬픈 날, 보란 듯이 잘 차려서 밥을 먹어보는 거야. 그리고 나서도 기운이 나지 않으면 엄마한테 전화해.

엄마가 달려가서 고슬거리는 흰밥과 얼큰한 순두부찌개 해줄께.
그렇게 하고도 또 슬프면 그땐 맘 놓고 엉엉 울어버리자.

Crispy kimchi pancake

cooking time 15분(2~3인분)

ingredient 다진 김치 3/4컵, 밀가루 3T, 찬물 1/2컵, 식용유

HEALING MENU

말해 뭐해! 바삭 김치전

튀김과 지짐의 중간 정도로 바삭하게 튀긴 김치전은 마음만 먹으면 혼자 3~4장은 기본으로 먹을 수 있지. 이런저런 이유로 밥 대신 술 한잔 생각날 때 술안주로도 안성맞춤이야. 김치전에 막걸리는 말해 뭐해. 고급진 화이트 와인이나 양주에도 꽤 괜찮은 안주가 된단다.

김치전에는 스팸이나 참치 혹은 옥수수를 넣기도 하는데, 엄마는 다른 거 없이 김치만 넣고 바삭하고 얇게 지져낸 김치전이 제일 맛있더라. 늘 그렇잖아. 기본이 가장 최고인 것. 만드는 방법도 어깨너머 배울 수 있을 만큼 간단해. 잘 익은 김치는 있지?

잘 익은 김치를 잘게 다져 꼭 짜줘. 김치 국물이 최대한 빠지도록 눌러 짜줘야 해. 다음은 반죽할 차례야. 먼저 밀가루를 찬물에 뭉치지 않게 풀고 국물 없게 짜둔 김치와 넣고 섞어. 반죽은 찬물로 만들어야 더 바삭해진단다. 팬에 식용유를 좀 과하다 싶은 만큼 3T 정도 두르고 크지 않게 김치전 반죽을 떠서 올린 뒤 얇게 펴. 센불에서 한 면이 50% 이상 익으면 뒤집어 중강불에서 뒤집게로 꾹꾹 눌러주면서 바닥이 균일하게 익힌다. 너무 타지 않게, 하지만 바삭하게. 혼자 먹어도 좋아. 이 김치전이 다 사라질 때쯤 내 마음의 슬픔과 고통은 없어지는 걸로.

HEALING MENU

슬픔은 저 멀리~ 오장동 비빔국수

슬픈 날은 매운 음식이 당기잖아. 너무 매워 눈물이 나면 그게 슬퍼서 흘리는 눈물인지, 매워서 흘리는 눈물인지 헷갈리기도 해. 그러면서 슬픔은 잠시 잊는 거야. 엄마도 오래 전 힘들고 외로웠을 때 매콤한 비빔 양념에 위로를 받았던 적이 있거든. 비빔 양념은 한번 만들면 냉장고에 2~3주 두고 사용할 수 있어. 숙성되면서 맛도 깊어지니 넉넉히 만들어놔.

cooking time 20분(1인분)

ingredient 소면 1인분, 달걀, 오이, 김가루, 참기름, 통깨
비빔 양념(5인분) 배와 양파 각 ⅓개씩, 마늘 3톨,
고춧가루와 식초 각 3T씩, 소금 1꼬집, 연겨자(생략 가능),
고추장·간장·올리고당·설탕·매실청·참기름 각 1T씩

Recipe

1. 배와 양파, 마늘을 각각 믹서에 갈고 나머지 재료와 섞어 비빔 양념을 만든다. 연겨자도 약간의 물에 풀어 넣는다. 완성한 양념은 반나절 이상 숙성시킨다.
2. 소면은 끓는 물에 넣고 중불로 낮춰 3~7분간 삶는다. 삶는 시간은 소면 종류에 따라 다르니 표기사항을 따른다.
3. 삶은 소면을 체반에 밭쳐 여러 번 찬물에 헹구고 물기를 뺀다.
4. 달걀을 취향대로 삶고 오이는 채썬다.
5. 소면에 비빔 양념을 넣어 버무려 그릇에 담고 삶은 달걀과 오이채, 김가루를 올리고 참기름과 통깨를 더한다.

Grill back ribs

양념 맛을 좋아하면 간장소스를,
그대로가 좋다면 생바질을 다져서 발라 먹어봐. 색다른 맛이야.

HEALING MENU

한손엔 와인, 한손엔 등갈비구이

기분이 좋지 않을 때면 이상하게 식욕이 불붙기도 하지. 뭔가 묵직한 게 필요할 때 강추하는 메뉴야. 중국이나 싱가포르에서는 다양한 등갈비 요리를 먹을 수 있는데 대부분 양념이 쎄고 간이 강한 레시피가 많아. 그런 등갈비도 맛있지만 가끔은 담백하고 심플한 요리가 질리지 않지. 등갈비를 구워서 좋은 와인 한잔 곁들여 손으로 하나씩 뜯어 먹어봐. 다 먹고 난 뒤 쪼르르 남은 접시 위 갈빗대를 보면 기분이 진짜 좋아질 거야.

cooking time 1시간(1~2인분)

ingredient 돼지 등갈비 300g, 소주 3T, 레몬즙 ½개분, 허브가루 1T
등갈비 밑간 다진 마늘 ½T, 올리브유 3T, 소금과 후춧가루
간장소스 간장과 올리고당 각 2T씩, 다진 마늘 1T, 굴소스 ½T

Recipe

1. 등갈비는 소주나 청주를 섞은 물에 30분간 담가 핏물을 뺀다.
2. 핏물 제거한 등갈비는 키친타월에 올려 물기를 뺀다.
3. 밑간 재료를 섞어 등갈비에 발라 10분 이상 재운다.
4. 180°C로 예열한 오븐에서 중간에 한 번 뒤집어가며 30분간 굽는다. 에어프라이어는 180°C에서 20분.
5. 구운 등갈비에 레몬즙과 허브가루를 뿌린다.
6. 간장소스를 만들거나 생바질을 잘게 다져 뿌려낸다.

Mala soup
with store-brought Mala sauce

HEALING MENU

스트레스엔 시판 소스표 마라탕

요즘 너 같은 20대 젊은이들을 MZ세대라고 하더라. 변화가 빠른 디지털 환경에 익숙하고 최신 트렌드에 민감하고 남과 다른 경험을 추구하는 세대. 엄마가 그 나이 때에도 X세대라고 당시 세대를 일컫는 말이 있었어. 요즘 X세대를 풍자하고 유머러스하게 표현하는 영상이 인기던데 엄마는 그걸 보고 있으면 웃음이 나다가도 그때 생각이 나서 울컥할 때가 있어. 그러면서 이상하게 그때 먹었던, 그때 좋아하던 음식이 떠올라.

MZ세대들이 좋아하는 대표적인 음식이 바로 마라탕이래. 짜증나는 있을 때, 힘든 일로 스트레스를 풀고 싶을 때, 친구들과 만나 상사 욕을 할 때, 남친과 싸우고 여사친이나 남사친과 수다를 떨 때 먹고 싶은 음식이 마라탕이라는 거야. 엄마가 사는 싱가포르에서도 마라탕은 정말 한국의 떡볶이처럼 어디서나 누구나 좋아하는 메뉴더라. 그런데 이상하게도 밖에서 마라탕을 사먹고 오면 늘 배탈이 나. 양념이 강하기도 하고 왠지 들어간 재료들이 신선하지 않은 것 같기도 하고…. MZ세대가 열광하는 이 자극적인 소스를 조금이나마 건강하게 맛볼 수 있는 방법을 알려줄게.

강렬한 마라소스가 필요했던 오늘의 스트레스도 결국엔 흘러가.
삶은 늘 그렇듯 다 좋지도 다 나쁘지도 않아. 부족하면 넘치게 그립고
또 넘치면 무언가 권태스러워질 테니까.

Mala soup
with store-brought Mala sauce

cooking time 20분(1~2인분)

ingredient 시판 마라소스(뒷면 권장량 참조), 시판 사골육수 300ml, 새우나 고기 100~150g, 청경채·숙주·콩나물·양배추 등 채소 한움큼, 두부 3~4조각, 불린 당면 또는 푸주

Recipe

1. 당면과 푸주는 2시간 전에 물에 불려둔다.
2. 채소를 손질해 준비한다. 버섯이나 만두, 유부를 추가해도 좋다.
3. 사골육수에 분량의 마라소스로 넣어 마라육수를 만들어 센불로 끓인다.
4. 냄비에 새우나 고기 등을 먼저 넣고 끓이다가 중약불로 낮추고 준비한 채소를 넣는다.
5. 그 위에 두부와 취향대로 만두 또는 유부 등을 올린다.
6. 마지막으로 미리 불려둔 당면이나 푸주를 넣고 살짝 끓여 완성한다.

마라소스의 건더기를 좋아하지 않으면 소스를 체에 밭쳐 육수만 받아 사용해.

Oil tteokbokki

"기름떡볶이는 일반 떡볶이떡보다 조금 얇은 떡을 사용해. 기름과 버무린 양념에 튀긴 듯한 맛인데 떡이 두꺼우면 그 맛이 덜해."

HEALING MENU

행복한 순간이 떠올라, 기름떡볶이

추운 겨울날 통인동 시장에서 먹었던 기름떡볶이 기억나? 시장 골목을 가득 메꾼 매콤한 기름 냄새, 호호 입김나던 추위에 어서 들어오라던 할머니들의 손짓, 커다란 팬 위에서 요리조리 볶아지는 빨간 기름떡볶이와 오뎅 국물, 김이 모락모락나는 난로 위에 올려진 주전자… 너랑 통인동 골목 시장 갔던 날이 눈물나게 그리울 때가 있어. 그런 날에는 엄마 혼자라도 기름떡볶이 해 먹으면 마음이 좀 풀리더라. 혹시 기름떡볶이가 먹고 싶으면 요렇게 한번 해봐. 기름에 볶듯 태우지 않는 게 중요해.

cooking time 15분(1~2인분)

ingredient 떡볶이떡 250g, 식용유와 들기름 각 2T씩, 대파, 통깨
양념 간장·설탕·고춧가루 각 1.5T씩, 참기름 2T, 식용유 1T

Recipe

1. 떡볶이떡은 흐르는 물에 씻는다. 냉동실에 오래 있었다면 물에 조금 담가둔다.
2. 끓는 물에 떡볶이떡을 넣어 말랑해지도록 1~2분 데친다.
3. 양념을 만들어 데친 떡볶이떡의 물기를 제거해 버무린다.
4. 팬에 식용유와 들기름을 두르고 중약불에서 ③을 볶는다.
5. 꼬들거리게 볶아지면 대파를 어슷썰어 넣고 숨이 죽을 만큼만 볶아 불을 끄고 통깨를 뿌려낸다.

HEALING MENU

숨 한번 크게 쉬고! 고구마맛탕

화가 많이 나는 날, 슬픔이 밀려오는 날에는 일단 고구마맛탕을 먹어봐. 그러고 난 다음에 그 감정을 찬찬히 들여다보는 것도 괜찮아. 엄마도 어릴 때 시험 망친 날이면 분식집에 들려 맛탕을 먹곤 했거든. 설탕 시럽 듬뿍 바른 맛탕을 한입 물면 집에 가서 할머니한테 혼이 좀 나도 참을 만하더라. 너도 어릴 때 기분이 안 좋거나 꿀꿀한 날이라도 맛탕 앞에서는 얼굴이 환해졌지. 찡그린 얼굴이 꼴보기 싫다가도 맛탕 앞에서 활짝 웃던 네가 웃기고 귀여워서 엄마가 눈 질끈 감고 참아준 거 알고 있지?

cooking time 20분(3~4인분)

ingredient 고구마 3개, 식용유 1컵, 검은깨 약간

시럽 설탕 6T, 오일 3T

Recipe

1. 고구마는 껍질 벗겨 한입크기로 너무 두껍지 않게 자른다.
2. 팬에 식용유 넉넉히 붓고 중불에서 고구마를 굴려가며 튀기듯 익힌다.
3. 10분 정도 골고루 익힌 후 꺼내어 식힌다.
4. 팬에 설탕과 오일을 넣고 중약불에서 젓지 말고 그대로 녹인다.
5. 설탕이 녹기 시작하면 ③의 식힌 고구마튀김을 넣고 섞는다.
6. 꺼내어 검은깨를 뿌려 완성한다.

Candied sweet potato

Basque cheesecake

HEALING MENU

오늘의 슬픔은 바스크 치즈케이크

달콤하고 부드럽고 크리미한 치즈케이크를 싫어하는 사람은 없을 거야. 맘이 유독 슬픈 날, 외롭고 힘든 날은 가만히 앉아 있으면 더 우울하고 슬퍼져. 그럴 땐 몸을 막 움직이는 거야. 무언가 열중해 보는 것도 아주 좋은 방법이라고 생각해. 엄마는 그럴 때 뭔가 만들어. 스콘을 만들기도 하고 동치미를 담그기도 하지. 이것저것 바쁘게 하다 보면 내가 좀 전에 우울했던 이유를 잊기도 하고 '에라 뭐 어떻게든 되겠지'하는 생각도 들어. 게다가 그렇게 몸을 바삐 움직인 결과가 달콤한 치즈케이크라니… 꽤 괜찮지 않아? 일단 냉장고에서 치즈를 꺼내는 것부터 시작해. 그리고 나서는 이 레시피대로 몸을 움직이는 거야. 하나씩.

오븐에서 케이크를 꺼내는 순간까지 오늘의 슬픔은 냉장고 속 치즈와 위치를 바꾸는 거야. 잘 구워진 케이크를 한입 먹으면 아까 냉장고에 두었던 슬픔은 이미 사라지고 없을 걸. 어떻게 그게 가능하냐고 따질 수 있지만, 생각보다 신통한 일이지. 맛있는 음식을 만들어. 그리고 나서 복잡하고 심오한 감정을 단순하고 심플하게 그리고 용감하게 맛있는 음식으로 퉁치는 거지. 한두 번 연습하면 되더라.

부엌에서 달콤한 치즈케이크 냄새가 나기 시작하면
마음도 괜찮아지기 시작하는 거야.

Basque cheesecake

cooking time 1시간(원형틀 15cm 또는 직사각형 20cm 크기)

ingredient 크림치즈 250g, 마스카포네치즈 150g, 달걀 2개, 생크림 200g, 설탕 90g, 박력분 20g, 바닐라엑기스 5g, 레몬즙 10g

Recipe

1. 크림치즈와 마스카포네치즈, 달걀은 상온에 두어 찬기를 뺀다.
2. 볼에 모든 치즈를 넣고 달걀을 한 개씩 넣어가며 뭉치지 않게 섞는다.
3. 생크림과 설탕을 한 가지씩 넣어가며 잘 저어준다.
4. 박력분을 체에 내려 같이 섞은 후 바닐라엑기스와 레몬즙을 넣는다.
5. 틀 위에 유산지를 깔고 완성한 반죽을 붓는다.
6. 200°C로 예열한 오븐에 넣고 220°C로 올려 25분 굽는다.
7. 겉면이 검게 그을려야 하니 오븐 시간은 상태를 보면서 가감한다.
8. 냉장고에 넣고 차갑게 식혀서 먹으면 더욱 맛있다.

Banana brulee

Tip

엄마가 제일 좋아하는 부엌 도구 중에 하나가 토치야.
브륄레 같은 디저트를 만들 때는 작은 사이즈가 편리해.

HEALING MENU

탕탕탕! 바나나브릴레

브릴레는 불어로 'brulee', 불에 그을린, 불에 탄이라는 의미로 커스터드 크림 위에 설탕을 뿌리고 토치로 그을리는 프랑스 고급 디저트야. 요즘엔 고구마브릴레, 바나나브릴레, 무화과브릴레처럼 자연 그대로의 재료 위에 설탕을 그을린 형태로 변형되었어. 과일을 먹으면서 고급 디저트의 브릴레를 적용한 참신한 아이디어. 사람들은 정말 기발해.

좋아하는 재료를 준비해. 바나나, 고구마, 무화과… 뭐든 좋아. 고구마라면 미리 오븐에 익혀 반은 갈라놓고, 바나나와 무화과 같은 과일은 모양 그대로 꼭지를 살려 세로로 반 잘라 준비해. 입맛에 맞게 설탕을 골고루 뿌려 토치로 설탕이 타지 않게 그을리면 끝. 너무 간단하지? 취향에 따라 시나몬 파우더나 아이스크림을 곁들이면 돼.

이쯤 되면 환호성과 탄성이 흘러나오지. 토치 값이 좀 비싸긴 하지만, 이 정도의 행복이라면 두고두고 써먹기 좋을 거야. 숟가락을 들고 탕탕탕~ 우울함도 와장창 깨질 거야.

cooking time 10분(1인분)

ingredient 바나나 1개, 설탕, 시나몬파우더 또는 아이스크림

Pick 엄마 친구 레시피 4

샐리Sally 이모의 싱가포르 찹쌀볼

"엄마가 사귄 첫 번째 싱가포르 친구야. 로컬 맛집부터 식자재 시장까지, 다양한 문화와 음식의 싱가포르 미식 세계로 안내해주었지. 한국 음식을 엄마보다 더 많이 알고 있는 한식 러버기도 해. 소개하는 메뉴는 싱가포르 명절인 구정 때 먹는 전통 디저트인데, 단 음식을 즐기지 않는 이모가 유일하게 좋아하는 디저트래. 끈적한 찹쌀가루 반죽을 작은 조각으로 잘라 설탕과 볶은 땅콩으로 코팅해 따뜻하게 먹는 메뉴야. 집안 어르신께 전수받았다니 참 귀한 레시피지."

ingredient 50분(2인분)

찹쌀가루 150g, 물 195ml, 설탕 ½T, 구운 땅콩가루(구운 땅콩과 땅콩캔디 함께 간 것)

샬롯오일 2T 샬롯 100g, 식용유 샬롯이 잠길 정도

Recipe

1 샬롯을 얇게 저며 충분히 잠길 만큼의 식용유를 넣고 타지 않을 때까지 튀긴다. 거름망에 걸러 샬롯오일을 준비한다.

2 믹싱볼에 찹쌀가루와 설탕, 물을 조금씩 부어가며 잘 섞이게 반죽한다.

3 큰 팬에 물을 붓고 ②를 올려 뚜껑을 닫은 상태로 센불에서 35분간 익힌다. 냄비의 물이 부족하면 중간중간 보충한다.

4 익힌 찹쌀 반죽에 준비한 샬롯오일 2T를 넣고 젓가락으로 살살 채댄다.

5 점성이 생기면 한입크기로 잘라 땅콩가루에 묻혀낸다. 남은 반죽은 먹기 전에 다시 데워 땅콩가루를 묻힌다.

Tip ◇ 찹쌀 반죽은 물의 양이 중요해.
물이 너무 많으면 반죽이 부드럽고 식감이 좋지 않아.
물양이 적당해야 쫄깃한 식감을 낼 수 있어.

diet season

엄마 SOS~ 굶지 않는 다이어트 메뉴

FROM MOM

가짜 말고 네가 직접 만든 진짜 음식이
다이어트로 가는 확실한 길이야.

다이어트라는 단어만 들어도 신물이 나지. 먹는 걸 좋아하는 우리 모녀는 대체 언제까지 다이어트를 신경써야 할까? 메뉴를 고를 때마다 뒷골을 당기게 하던 그 신념. 이 음식은 다이어트에 도움이 되는 음식일까, 역행하는 메뉴일까? 그런데 말이야, 결국은 말이지….

아무거나 먹고, 내가 소화할 수 있는 양보다 많이 먹고, 또 운동을 게을리하고, 잠을 제대로 못 자면 꼭 필요 이상의 체중이 늘게 되더라. 그러니까 살이 찌는 건 그저 보기 싫은 몸의 모습과 상태가 되는 것만을 의미하는 게 아니라 무언가 잘못된 일상을 지내고 난 뒤의 성적표 같은 거야. 건강하지 않은 길로 향하는 이정표라고도 할 수 있지. 그래서 체중이 늘고 살이 찌는 건 건강과는 다른 반대 방향으로 내 일상이 흘러가고 있다는 걸 인지해야 하는 시작점이라고 생각해.

전에는 무조건 잘 먹어야 건강하다고들 했지만 이제는 잘 먹는다는 게 많이 먹는 게 아니라 좋은 음식을 제대로 섭취해야 한다는 말이더라. 그러니 다이어트를 하겠다고 무조건 굶고 삼시세끼를 샐러드로 때우고, 총 섭취하는 음식의 칼로리만 따지는 건 곤란해. 그거야말로 엄마 어릴 때 유행

하던 구시대적인 무식한 다이어트 방법이지. 결국은 제자리로 돌아오게 되는 쳇바퀴 같은 의미 없는 요요의 반복. 이제 너는 현명하고 똑똑한 세대이니 지속 가능한 다이어트를 할 수 있을 거야. 꾸준한 운동으로 좋은 컨디션을 유지하면서 신선한 재료로 조리한 음식을 섭취하는 것만이 의미가 있다는 걸 알았으면 해.

다이어트에 가장 안 좋은 건 쓰레기 같은 음식을 먹기 시작하는 거잖아. 짜고 매운 인스턴트식품과 방부제가 많이 들어 있는 음식들은 살이 안 찔 수가 없어. 그런 가짜 음식 말고 진짜 음식을 먹게 되면 대책 없이 입으로 음식을 쏟아붓지 못해. 내가 먹을 음식을 직접 재료부터 손질하고 어떤 양념과 조리과정을 통해 만들어지는지 보게 되면 그 음식에 대한 생각을 안 할 수가 없게 되는 거야. 그래서 자기 스스로 먹을 음식을 준비하는 게 어쩌면 식생활을 바로 잡는 바로미터인 거 같아.

다이어트에 좋은 메뉴도 몇 가지 알려줄게. 엄마의 바람은 네가 항상 건강한 몸을 유지해서 영원히 이 챕터를 읽지 않았으면 하는 거야.

Tomato clean stew

"스튜는 한 번에 넉넉하게 끓여서 한김 식혀 소분해서 냉동해둬.
수프나 국, 찌개는 한 번에 많은 양을 끓여야 맛있거든.
식당에서 먹는 찌개나 국이 맛있는 이유인 거야.
먹기 직전 해동해 뜨겁게 데워서 즐겨."

생각보다 맛있어! 토마토클린스튜

DIET MENU

해독수프, 마녀수프로도 불리는 몸에 좋은, 다이어트에 효과적인 메뉴가 있어. 암을 치료한다고 해서 기적의 수프, 몸에 쌓인 각종 노폐물을 없애준다 해서 클린수프로도 불리지. 식욕을 줄이고 화장실을 잘 가게 만들어 몸의 부기를 빼주는 음식이야. 몸에 좋은 각종 채소를 뭉근하게 끓여 베이스로 쓰니 무겁고 부은 몸에 당연히 좋겠지? 기본은 산성화된 몸을 알칼리화해주는 채소수프인데, 나라마다 시기마다 유행하는 스타일도 제각각이지. 그중 엄마는 씹는 맛이 있는 '러시아식 토마토스튜'를 소개해주고 싶어.

이름에서 알 수 있듯이 러시아에서 먹는 스튜야. 토마토, 양배추, 당근 등 다양한 채소를 맘껏 넣고 푹 끓여 모든 재료가 흐물거리게 고아내는데, 이탈리아에도 다른 유럽에도 조금씩 변형된 비슷한 종류의 메뉴가 있더라. 월계수잎과 통후추를 넣기도 하고 나라에 따라 지방에 따라 선호하는 허브를 넣어 향을 살리기도 해.

러시아식 토마토클린스튜의 기본 재료는 닭고기와 채소야. 채소는 뭐든 상관없는데, 토마토는 꼭 넣어줘야 해. 생토마토가 없다면 통조림 홀토마토로 대체할 수 있지만 가능하면 생토마토로 끓이렴. 몸이 아프거나 속이 허할 때도 포만감은 살리고 다이어트에 도움을 줄 거야.

cooking time 40분(2~3인분)

ingredient 닭고기 정육 200g, 토마토 2개, 당근과 양파 각 ½개씩, 셀러리와 양배추 취향껏, 큐브형 치킨스톡 1개, 물, 월계수잎 2장, 통후추 3알, 딜 또는 로즈마리 또는 파슬리 1~2줄기, 올리브유 2~3T

Recipe

1. 닭고기는 먹기 좋은 크기로 썬다.
2. 토마토, 당근, 양파, 셀러리, 양배추도 비슷한 크기로 썬다.
3. 냄비에 올리브유를 두르고 닭고기를 볶다가 준비한 채소를 넣고 볶는다.
4. 모든 재료가 자작하게 잠길 정도의 물을 붓고 치킨스톡을 넣고 푼다.
5. 센불로 올려 끓어오르면 중약불로 낮춘다.
6. 월계수잎, 통후추 혹은 선호하는 허브를 넣고 30분 후 불을 끈다.
   월계수잎은 먹기 직전에 꺼낸다.

Tomato clean stew

Waterless steamed pork
남은 수육은 냉장고에 두었다가
다음날 달걀물을 입혀 전처럼 먹
어봐. 그게 또 꿀맛이야.

DIET MENU

다이어트 생활, 무수분 수육

수육하면 고기를 물에 푹 잠기게 넣고 삶은 것만 떠올리는데 요즘은 물 없이 삶은 수육이 유행이더라. 사실 물에 푹 담가 삶아내는 것보다 고기 맛이 더 풍부하기도 하고 식감도 더 사는 조리법이지. 기름기도 모두 빠져 다이어트 효과도 탁월해.

수육용은 보통 통삼겹을 추천하는데 정육점에서 사거나, 마트 고기코너에서 삼겹살 한 덩어리를 구매하면 돼. 간혹 겉껍질이 제거된 옵션도 있는데 담백한 수육을 먹고 싶을 때 알맞아. 그럼 이제 넉넉한 냄비를 찾아볼까.

cooking time 1시간(3~4인분)

ingredient 통삼겹 1kg, 양파와 사과 각 1개씩, 대파 1대, 통후추 5알, 월계수잎 3장, 미림과 정종 또는 소주 각 3T씩

Recipe

1. 양파를 크게 잘라 넉넉한 냄비의 바닥에 깐다.
2. 그 위에 통삼겹을 덩어리째 올린다.
3. 고기 위에 사과를 조각내 올린다.
4. 대파를 통으로 잘라 통후추, 월계수잎과 함께 넣는다.
5. 그 위로 미림과 정종 또는 소주를 붓는다.
6. 센불로 올려 바글바글 끓는 소리가 나면 중약불로 낮춰 1시간 삶는다.
7. 한김 식혀 적당한 크기로 잘라낸다.

뚝딱 사과양배추샐러드

DIET MENU

속이 더부룩한 날엔 점심에 샐러드가 좋지. 다이어트 중이지만 끼니를 거르기 어려울 때도 샐러드가 답이야. 그런데 샐러드는 바쁜 사람들이 셀프 메뉴로 즐기기엔 사치이기도 해. 이것저것 다양한 채소를 다듬어 씻고 써는 준비과정이 만만치 않거든. 만약 사과와 양배추만으로도 기막힌 샐러드가 가능하다면? 상큼하면서도 포만감을 주는 간단한 메뉴야. 샐러드만으로 허전하다면 곡물식빵 한두 조각을 곁들여도 좋겠다.

cooking time 15분(1인분)

ingredient 양배추 1/4개, 사과 1/2개, 식초 2T, 물

드레싱 레몬즙과 올리브유 각 2T씩, 꿀 1T, 다진 마늘 1t, 소금과 후춧가루 각 1꼬집씩, 취향에 따라 머스터드 1/2T

"사과와 양배추를 함께 먹으면
양배추가 위를 보호하면서
사과의 영양분 흡수를 도와줘.
사과와 양배추 모두 식이섬유가 풍부하고
독소 배출에도 탁월한 효과가 있어."

Recipe

1. 양배추는 채칼로 채쳐 식촛물에 10분간 담가둔다.

2. 사과도 먹기 좋게 가늘게 썬다.

양배추는 맨 위 겉껍질만 버리고 사용하는데, 원하는 크기로 자른 뒤 씻어야 더 편리하고 깨끗해.

3. 드레싱 재료를 모두 섞어둔다. 머스터드는 취향껏 가감.

4. ①의 양배추를 흐르는 물에 씻어 체반에 밭쳐 물기를 뺀다.

5. 양배추채, 사과채, 드레싱을 한데 버무리면 완성.

DIET MENU

채소 몽땅 유부채소말이

유부는 간이 충분히 되어 있어 그 속에 흰 쌀밥만 넣어도 맛있지. 밥 대신 갖은 채소를 넣으면 기막힌 다이어트 메뉴가 돼. 따로 익히지 않고 그냥 신선하게 말이야. 오래된 채소를 맛있게 먹도록 도와주는 기특한 재료가 바로 유부야. 깻잎, 상추, 당근, 파프리카, 오이 등 평소 잘 안 먹던 채소들도 짭조름한 유부 맛에 가려 끝없이 많이 먹을 수 있거든. 냉장고 속 오래된 채소가 고민이라면 주저하지 말고 유부만 준비해. 속재료로 두부를 넣으면 든든한 다이어트 메뉴도 문제 없어.

유부채소말이를 만들 때 유부에 물기가 많으면 안에 넣은 재료의 식감과 맛이 제대로 살지 않아. 손으로 살짝 눌러서 물기를 빼고 만드는 게 중요해. 참깨마요소스(마요네즈 2T, 깨소금 1T, 참기름 1t)를 곁들이면 더욱 맛있어.

세상엔 독특하고 유별나고 잘난 사람도 필요하겠지만, 어디에나 잘 어울리는 유부처럼 무난하고 푸근하고 까다롭지 않으면서 제 역할을 훌륭히 해내는 사람들이 많았으면 좋겠어.

유부말이 안에 넣는 채소는 특별한 양념이나 소스 없이도 유부의 달콤 짭조름한 맛과 잘 어우러져. 녹색, 노란색, 붉은색, 흰색 골고루 넣으면 비주얼은 물론 영양소의 균형도 맞출 수 있지. 다양한 채소를 유부 안에 넣고 김밥을 말듯이 돌돌 말아주면 돼. 아삭거리는 채소의 식감과 유부의 보드라운 식감이 기막힌 조합이야.

cooking time 15분(1~2인분)

ingredient 유부 10개, 시금치나 쪽파 10줄기, 깻잎·상추·당근·파프리카·오이·셀러리 등

Recipe

1. 유부는 양쪽 이어진 부분을 잘라 김밥 김처럼 넓게 펼쳐 준비한다. 삼각/사각 모두 가능.
2. 모든 채소는 유부의 폭에 맞춰 잘라 준비한다.
3. 유부를 바닥에 깔고 그 위에 채소를 김밥처럼 올려 돌돌 만다.
4. 시금치 또는 쪽파는 뜨거운 물에 살짝 데쳐 ③을 올려 끈처럼 묶어준다.

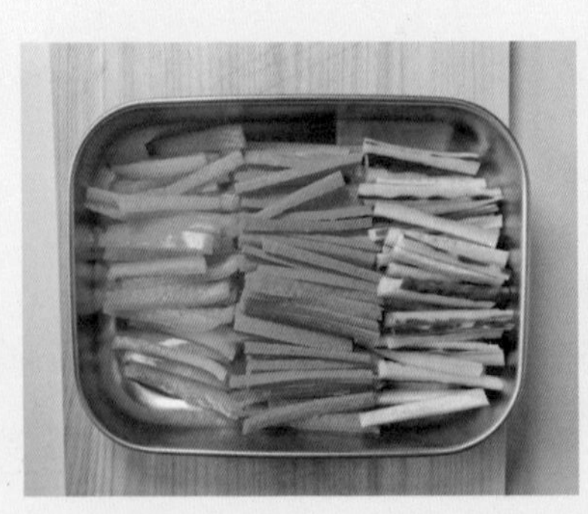

Tofu vegetable rolls

"유부를 길게 펼쳐 김처럼 활용하는 메뉴야. 삼각유부보다는 사각유부를 골라. 다양한 채소를 유부 위에 올려 쌈처럼 즐기는 것도 방법이야."

Keto gimbap
김은 거친 면이 위로 오도록 두고 재료를 펼친 후 돌돌
말아야 김과의 접착력이 높아져 김밥이 잘 말려.

DIET MENU

단백질 폭탄 키토김밥

엄마는 원래 김밥을 싫어해. 회사 다닐 때, 아무하고도 점심을 같이하기 싫은 날이나 뒤늦게 놓친 끼니를 때워야 할 때 찾던 메뉴가 김밥이었거든. 그래서 평소에 절대 김밥을 먹지 않는데, 이상하게 김밥이 또 먹고 싶어질 때가 있더라. 그럴 때 맛없는 김밥을 먹게 되면 단전에서부터 화가 치밀어 올라. 김밥은 웬만하면 맛없기가 어렵거든.

밥은 좀 적게 넣고 보들거리는 달걀지단을 넣은 김밥을 키토김밥이라고 하더라. 한때 키토 다이어트, 키토제닉, 키토식이 엄청 유행했잖아. 키토 다이어트는 키토제닉 식이요법으로 탄수화물을 적게 먹고 고지방 식품을 섭취해 몸을 지방연소 상태로 유지한다는 식단이야. 체중감량에도 좋지만 혈당조절에도 도움이 된다고 해서 굉장히 유행하게 되었어.

만드는 방법은 특별한 건 없어. 김밥에서 쌀을 줄이고 대신 달걀지단을 얇고 넓게 지져서 가늘게 채썰어 왕창 넣어주는 거야. 달걀과 단무지 외에 오이나 당근 등의 채소가 있다면 단무지 모양이나 가늘게 채썰어 준비해. 이제 김을 펴고 그 위에 준비한 재료를 골고루 펴서 꼭꼭 말아주면 돼. 달걀과 단무지만 들어가도 맛있고 난리지. 다이어트 중인데 밥을 먹어도 되냐고? 현미밥으로 조금만 넣으렴. 쌀을 덜 먹었다는 안도감은 덤으로.

cooking time 20분(2줄)

ingredient 김밥용 김 2장, 현미밥 1공기, 달걀 4개, 단무지 2줄, 오이 등 채소류

두부가 질리면 두부김치

DIET MENU

다이어트를 논할 때 늘 중심에 있는 재료는 두부지. 단백질 함량이 높아서 영양소를 잃기 쉬운 다이어트식에서 빨래야 뺄 수가 없어. 하얀 도화지처럼 어떤 양념에도 어떤 부재료와도 어울리는 착한 재료랄까. 그렇다고 매일 연두부, 생두부만 먹을 수는 없지. 두부와 최고 궁합인 김치를 살짝 볶아 따뜻하게 익힌 두부와 함께 먹어봐. 기가 막혀. 김치를 볶을 때 돼지고기도 약간 넣어주면 완벽한 한끼지. 다이어트를 위해 한 가지의 메뉴만 먹어야 한다면 엄마는 고민 없이 두부김치를 꼽을 거야. 오랫동안 질리지 않고 먹을 수 있어.

cooking time 20분(1인분)

ingredient 두부 1모, 김치 200g, 다진 돼지고기 100g, 양파 ½개, 들기름, 검은깨

돼지고기 밑간 미림 1T, 후춧가루 약간

김치양념 고춧가루와 올리고당 각 ½T씩, 다진 마늘 1t

Recipe

1. 두부는 끓는 물에 소금을 조금 넣고 2~3분 데쳐 물기를 뺀다.
2. 김치는 잘게 썰어 양념에 버무린다.
3. 다진 돼지고기는 미림과 후춧가루에 미리 재운다. 가볍게 먹고 싶다면 생략 가능.
4. 양파를 결대로 두껍지 않게 슬라이스한다.
5. 팬에 들기름을 두르고 센불에서 양념한 김치와 양파를 볶다가 밑간한 다진 고기를 넣고 볶는다.
6. 불에서 내려 검은깨를 뿌리고 따뜻하게 데친 두부와 곁들인다.

남은 두부는 다른 플라스틱 통에 넣고
깨끗한 생수를 채워주면 2~3일
냉장보관이 가능해.

육수 대신
남은 채소를 모두 넣고
채수를 끓여두고 사용하면
더욱 좋아.

DIET MENU

몸을 비우는 맑은 된장국

몇 년 전에 마크로비오틱 수업을 들은 적이 있어. 마크로비오틱은 식재료를 버리지 않고 통째로 사용하고 제철과일과 채소를 활용한 유기농 곡류 식사를 권장하는 생활법인데, 그 수업에서 식사의 중심에 늘 있던 메뉴가 좋은 된장으로 끓인 맑은 된장국이야. 사실 짠 음식, 소금간이 강한 국물은 몸에 안 좋다는 오해가 있는데 좋은 된장으로 맑게 끓인 된장국은 단식 후 첫 끼니로, 아프고 난 뒤 첫 식사로 찾는 치유식이기도 해. 맑은 된장국을 밥과 함께 먹으면 몸에 따뜻한 온기가 돌아.

좋은 된장은 먼저 국산 대두와 천일염을 사용한 제품이어야 해. 그 다음 콩과 소금 외에 조미료, 보존제, 향미 증진제 등 식품첨가물 함량이 가급적 낮은 걸 골라. 된장도 보통 냉장보관 최대 3년까지는 사용 가능한데, 보관 중에 쓴맛이 나면 새 걸로 바꾸렴. 된장국은 한 냄비 끓여서 2~3일 정도 나눠서 먹어도 좋아.

cooking time 15분(1~2인분) ingredient 된장 1T, 두부 1/3모, 시금치 또는 호박, 육수 또는 채수 400~500ml

Recipe

1. 다시마멸치해물 다시팩이나 동전모양의 육수 엑기스를 물에 끓여 육수를 준비한다.
2. 시금치 또는 호박은 먹기 좋게 썰고, 두부도 같은 크기로 썬다.
3. 냄비에 육수 또는 채수를 붓고 된장 1T를 풀어준다.
4. 두부와 채소를 넣고 센불로 올려 팔팔 끓인다.
5. 끓어오르면 불을 줄여 3분 정도 더 끓였다가 내린다.

Tofu egg rice

DIET MENU

후회가 밀려올 때는 두부달걀밥

학교를 다니고, 사회생활을 하다 보면 의지와 상관없이 원치 않는 음식들을 쉬지 않고 먹게 되는 날들이 있어. 그럴 땐 먹으면서도 기분이 나쁘지. 집에 돌아와 후회와 탄식의 시간을 맞이하게 되잖아. 또는 해야 할 일들이 너무 많고 바빠 원하지 않는 메뉴로 끼니를 때우는 날도 몸이 둔탁해지고 컨디션이 안 좋아져. 결국 정신없이 건강하지 못한 음식을 먹는 날들에 대한 후회가 밀려오지. 늦지 않았어. 정신을 가다듬고 다시 리셋을 다짐하면 돼. 조금 비우고, 가볍게 먹고 건강한 메뉴를 챙겨봐. 그렇다고 맨날 샐러드만 먹을 순 없을 테니, 두부달걀밥을 만들어봐.

만들기도 아주 간단해. 기름을 두르지 않은 팬에 두부를 넣고 주걱이나 숟가락으로 뭉개어 볶아. 두부가 잘 익으면 그 다음에 오일과 송송 썬 파를 넣고 함께 볶아주는 거지. 여기에 찬밥 2~3큰술 정도 넣고 달걀을 풀어 살살 뭉치지 않게 볶으면 돼. 간은 소금이나 굴소스로 맞추는데, 간단한 조리 과정에 비해 맛이 좋지.

두부와 달걀에 약간의 밥을 넣고 뜨겁게 만들어 먹으면 죄책감도 없고, 건강한 밥 한 그릇을 온전히 먹은 것 같아 포만감도 들고 속도 편해지더라. 잊지마. 밥은 딱 3큰술이야.

cooking time 10분(1인분)

ingredient 두부 1/2모, 달걀 1개, 찬밥 3T, 대파 1/3대, 소금 또는 굴소스, 오일

Ox tail soup

저탄고지 넘버원, 꼬리곰탕

DIET MENU

꼬리곰탕, 사골곰탕은 소의 꼬리와 사골을 오랫동안 고와서 끓이는 국물 메뉴인데, 최근에 유행하는 저탄고지 식단의 가장 호사스러운 메뉴이기도 해. 열량을 다이어트의 핵심 키워드로 본다면 고열량식인 곰탕은 다이어트의 적으로 오해받기 쉽지. 하지만 탄수화물을 줄이고 지방 섭취를 권하는 키토 다이어트식에서는 소고기와 소뼈를 오래 끓여낸 곰탕이야말로 최고의 식사가 돼. 첨가물과 조미료까지 없으니 얼마나 몸에 좋을까. 그리고 말야, 오랜 시간 걸리는 음식은 맛없기가 어렵단다.

미리 어려울 거라고 겁먹지마. 유명 배우가 오래 전 유학시절에 유일하게 집에서 해 먹었다는 메뉴가 꼬리곰탕이니까. 20대 남자가 그것도 유학 도중에 끓였다잖니. 시간이 오래 걸려서 그렇지 꼬리곰탕은 성의만 있다면 누구나 해 먹을 수 있는 음식이야. 소분해서 냉동실에 두면 오랫동안 즐길 수 있어.

누가 6시간 넘게 꼬리곰탕을
끓여 먹나 싶겠지만
너도 곰탕 끓이는 법은 알고 있었으면 해.
언젠가 누군가에게
해주고 싶은 날이 오거든.

Ox tail soup

네가 방학을 맞아 반년 만에 집에 올 때가 되면 엄마는 꼬리곰탕을 미리 끓여두지. 정육점에서 소꼬리를 사다 핏물을 빼고, 집안에 곰탕 냄새가 진동하기 시작하면 네가 집에 올 때가 되었다는 거야. 그래서 엄마는 꼬리곰탕 냄새가 너무 좋아.

cooking time 6~7시간(4~5인분)

ingredient 토막 소꼬리 2~3kg, 쪽파, 소금과 후춧가루, 물

Recipe

1. 토막난 소꼬리는 깨끗한 물에 담가 핏물을 뺀다. 4~5번 정도 물을 갈아준다.
2. 곰솥냄비에 핏물을 제거한 소꼬리와 넉넉한 물을 넣고 센불에서 후루룩 끓인다.
3. 물은 버리고 소꼬리만 깨끗한 물에 씻는다. 이때 뼈의 불순물이 많이 제거된다.
4. 깨끗한 소꼬리가 충분히 잠길 만큼 넣고 새 물을 붓고 센불에서 우리기 시작한다.
5. 끓기 시작하면 중약불로 낮춰 2시간 정도 우려 끓인 국물만 따로 받아둔다.
6. 다시 새 물을 채워 ④~⑤ 과정을 반복한다. 이 과정을 1회 더 반복한다.
7. 세 차례 끓인 국물을 섞어 사용한다. 식은 국물은 위쪽 뜬 기름을 걷어낸다.
8. 소금과 후춧가루로 취향대로 간하고 쪽파를 송송 썰어 곁들인다.

"소꼬리의 핏물을 빼는 과정에서 물에 소주를 약간 섞어 사용하면 잡내까지 잡을 수 있어."

"식은 국물에 뜬 기름을 걷어내면 국물이 더욱 맑고 담백해져."

ym_studio님 외 **454명**이 좋아합니다

singsing_yl 자랑스런 나의딸은 전기밥솥도 아닌
냄비밥을 해먹었다고한다.
계란말이 안에 들어가는 양파와 당근의 크기가 조금 크지만
그래도 참으로 기특

유기화학시험 잘본것보다 오만육천배
대견한 내 똘래미의 냄비밥.

#우래기집밥 #콩장까지할지는몰랐다
#공부도하고있는거맞지?

엄마 PICK
부엌 살림살이 마련하기

혼자 요리를 하다보면 손이 하나인 게 아쉬울 때가 있어. 또 어떨 땐 준비단계에 힘을 몽땅 써서 정작 요리할 생각이 사라지기도 하지. 주부 경력 20년간 집밥을 해오며 픽한 아이템만 소개할께. 엄마 한번 믿고 봐.

Basic

2~3인용 편수냄비 국이나 찌개 혹은 라면 끓일 때 사용하는 용도. 너무 작거나 큰 거 말고 2~3인용이면 돼. 한쪽으로 길게 손잡이가 있는 편수 냄비가 사용하기 편해.

옴폭한 20cm 팬 볶음밥, 전 또는 만두를 익힐 때는 20cm 정도의 팬이면 충분해. 약간 옴폭하게 깊이있는 걸 구입하면 조리 시 음식물이나 기름이 튀는 걸 최소화해 청소 시간을 줄여줘. 뚜껑이 있는 것으로 사면 더욱 편리해.

1~2인용 밥 냄비 전기밥솥이 있어도 1~2인용 밥용 냄비가 하나 있으면 국이나 찌개를 데워 먹기 편해. 뚝배기처럼 생긴 냄비도 좋고 요즘 유행하는 솥 형태도 좋아.

식가위 좋은 식가위 하나 두면 급할 때 칼처럼 쓰기 좋아. 주방용품 코너에서 요리용 가위 중에 양쪽이 분리되는 걸로 골라. 세척하기도 편리하고 더 위생적이야. 올스텐으로 나온 제품도 좋겠어.

Multi

미니 블렌더 과일주스, 단백질쉐이크, 미숫가루 등을 손쉽게 만들 수 있지. 용기가 크면 내용물이 안쪽에 붙어 떨어지지 않는 게 반이더라. 400~500ml와 200~300ml 2가지 사이즈의 세트 제품을 추천해. 사용 후에 뚜껑 부분과 분리해서 세척하고 말려야 해.

설거지 물막이 설거지만 하면 옷이 엉망이 되기 쉽지. 싱크대 수조 쪽에 압축 패킹으로 부착하는 물막이 제품이 있어. 정말 기막힌 제품이야. 바닥면이 단단하게 고정되고, 종종 떼어 세척도 해야 하니 부착 부분이 견고한 걸 골라.

냄비 손잡이 뜨거운 냄비나 솥에 사용하는 내열 장갑 모양의 손잡이야. 요즘엔 냉장고나 벽에 부착해서 사용하는 제품이 많더라. 늘 급히 찾게 되니 자석 타입이 좋겠어.

실리콘 주걱 소스나 액체를 덜어낼 때 사용해. 아주 깔끔하게 덜어준다해서 '깔끔이 주걱'으로도 불리지. 병 입구에도 들어가는 작은 사이즈를 추천해.

에그팬 4~6개짜리 작은 홈이 파인 팬이야. 달걀프라이하면서 스팸을 굽거나 김치전, 핫케이크 만들 때 기막히게 편리하지. 사용 후 꼼꼼하게 세척해서 보관해야 해.

이건 꼭 킵해둬!

시판 양념 베스트 10

자취생 방에 라면이 있듯, 양념에도 인스턴트가 있지. 국물을 우리는 단계를 대신하는 육수내기부터 소스까지 종류도 다양해. 급할 때 10분컷으로 요리를 가능케 하는 시판 양념. 엄마가 직접 먹어본 걸로 알려줄게.

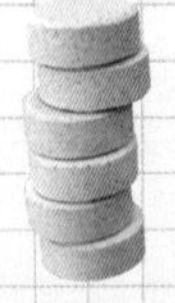

동전육수 바쁜 날 육수까지 우려서 요리하라고 하면 다 도망가겠지. 동전모양 육수용 제품이 나왔더라. 물 300~350ml에 한 알을 넣으면 멸치육수를 대신하지. 향미증진제, 유화제, 착향료가 없고 국내산 재료의 제품을 골라.

멸치육수 다시팩 멸치, 디포리, 새우, 다시마 등이 혼합된 다시팩이 있어. 내용물에 따라 종류도 다양한데 요즘은 얼큰한 맛까지 등장했더라. 국내산 재료를 사용한 걸로 골라.

사골육수 엑기스 사골육수는 실온에서 보관하는 500~1000ml 육수팩도 있지만 부피가 작은 파우치 형태의 엑기스 제품도 괜찮아. 국산 한우를 사용하고, 사골과 소금 외 다른 첨가물 없는 제품으로 선택해.

고체카레 액체 타입도 있지만 고체 타입이 보관이 용이해. 냉장고 속 남은 채소에 카레 한조각 더해 팔팔 끓여. 매운맛, 중간맛, 순한맛으로 구분된 제품 중에 취향껏 고르면 돼. 남은 제품은 냉장보관하면 돼.

레몬즙 프레시한 레몬즙을 사용하면 제일 좋지만 어려울 땐 시판 레몬즙을 써. 요즘엔 한번 사용하게 파우치 형태로 나온 액기스 제품도 편리하더라.

치킨스톡 주로 서양요리할 때 닭육수를 대체하는 제품이야. 액체·고체·가루 타입이 있고 수입제품이 많아. 요즘엔 잘 만들어진 국내 제품도 있으니 참고해.

말린 허브 프레시한 생허브를 사용하면 좋겠지만 보관도 어렵고 구매도 까다로워 말린 제품을 주로 써. 바질, 오레가노, 로즈마리를 즐겨쓰는데, 허브는 말리면 향이 훨씬 강해지니 너무 많이 넣으면 안 돼.

액젓 참치액젓, 멸치액젓, 까나리액젓 종류도 다양한데 모든 종류를 갖고 있을 필요는 없어. 작은 용량으로 1개 정도면 요긴하게 쓸 수 있지. 뭔가 다 넣었는데 맛이 없을 때 비밀 레시피처럼 조금 넣어봐.

튜브형 쌈장/볶음고추장 냉장고에 치약처럼 세워 보관하는 쌈장과 볶음고추장이 있는데 구비해두면 필요한 순간 로션처럼 쭉 짜서 쓰는 편리한 제품이야.

후리카케 일본식 주먹밥에 사용하는 제품인데 국내산 제품도 많이 나와. 만사 귀찮은 날 밥 위에 뿌려서 주먹밥을 해먹거나 유부초밥에 넣으면 좋아.

썰기가 어려워? 이대로 따라해
레시피에 자주 나오는 썰기 노하우

요리의 시작은 칼질이지. 칼질부터 서툴면 밥해 먹기가 쉽지 않아. 하지만 몇 번 연습하면 누구나 금방 늘 수 있어. 칼질만 잘 해도 요리하는 게 얼마나 재미있는지 몰라. 하지만 다칠 수 있으니 칼질할 때는 집중해서!

채썰기/막대썰기 원형이나 타원형의 재료를 비슷한 두께로 길게 써는 방법이야. 무생채 또는 감자볶음, 당근라페처럼 가늘고 얇게 썰 때는 채썰기라고 하고 김밥 단무지와 프렌치프라이 모양처럼 썰 때는 막대썰기라고 해.

슬라이스/통썰기 오이나 호박, 버섯 등을 자를 때 단면 그대로 자르는 거야. 음식 종류에 따라 얇게 슬라이스하거나 두껍게 통으로 썰어.

깍둑썰기/나박썰기 통으로 썬 다음 비슷한 두께로 네모나게 자르는 방법. 깍두기나 두부요리처럼 정육면체 모양으로 써는 걸 깍둑썰기라고 하고, 무를 납작한 네모로 써는 방법을 나박썰기라고 해.

송송썰기 쪽파나 부추 등을 잘게 짓누르지 않고 써는 방법. 찌개, 무침 등 요리의 마지막 단계에서 향이 나는 채소를 송송 썰어 넣어.

다지기 마늘이나 양파, 버섯 등을 아주 잘고 고르게 자르는 방법. 짓누르는 것과는 달리 질감이 뭉개지지 않게 써는 거야. 너무 잘게 다지면 조리 시 뭉개져 식감도 사라지니 주의해.

어슷썰기 사선으로 비스듬하게 자르는 방법. 보통 대파를 썰 때 어슷썰지. 가래떡이나 고명용 채소도 종종 이렇게 썰어.

한입크기 카레나 수프를 끓일 때 모든 재료를 한입크기로 자른다고 하지. 입안에 들어갔을 때 모든 재료가 골고루 씹기 편한 크기라고 생각하면 돼.

해봐야 안다! 꼭 필요한 기본 양념

실온보관 필수 양념 간장, 참기름, 설탕, 소금, 후추, 요리술 (미림, 미술 등), 식초, 식용유, 올리브유, 올리고당, 꿀

냉장보관 필수 양념(여름철 기준/개봉 후 기준) 된장, 고추장, 쌈장, 맛간장, 매실청, 들기름, 참깨, 다진 마늘, 굴소스, 버터

냉동보관 필수 양념 고춧가루, 새우젓, 밀가루

맨날 사먹을 순 없잖아

2024년 4월 15일 초판 1쇄 발행
2024년 7월 15일 3쇄 발행

요리와 글, 사진 홍여림
기획/편집 문영애
디자인 김아름 @piknic_a
인쇄/출력 도담프린팅
펴낸곳 수작걸다
주소 경기 용인시 수지구 동천로64
이메일 suzakbook@naver.com
인스타그램 @suzakbook

ISBN 978-89-699-3045-3 13590